AF298495

# PRINCIPES

## DE

# PHYSIQUE

PAR

## M. E. BEDE,

Docteur ès sciences physiques et mathématiques

———

2<sup>me</sup> édition.

# A PARIS

CHEZ PHILIPPART, LIBRAIRE,

RUE DAUPHINE, 24,

ET CHEZ TOUS LES LIBRAIRES

DE LA FRANCE.

# PRINCIPES

# DE PHYSIQUE.



*Définition de la physique.*

1. Autrefois on donnait le nom de *physique* à la plus vaste des sciences humaines. Elle embrassait la nature tout entière : la nature morte et la nature vivante, la terre et le ciel, l'univers infini. Maintenant la physique n'est plus qu'une petite partie de cette immense science. A mesure que l'homme, à l'aide de son puissant génie et poussé par son infatigable esprit d'investigation, a fouillé plus avant dans les secrets de la nature, l'infinité de ces secrets lui est apparue, et avec elle la nécessité de donner des directions déterminées à leur recherche.

Les astronomes, ne considérant notre terre que comme un petit point d'un univers infini, ont étudié les mondes qui l'entourent. Les naturalistes, les chimistes et les physiciens se sont bornés à l'étude de notre globe. L'histoire naturelle s'est occupée des corps de la nature considérés individuellement, de leur description. Les chimistes n'ont considéré ces corps que relativement les uns aux autres ; ils n'ont étudié que leurs actions mutuelles ou les actions qu'ils subissent de la part de certains agents tels que la chaleur, l'électricité et la lu-

mière; encore leur étude s'est-elle bornée aux actions
intimes qui altèrent profondément la nature même des
corps. Pour les physiciens toute individualité cesse; un
corps est un corps, peu importe son nom et sa nature;
tous les corps se ressemblent par quelques points, ont
des propriétés communes; placés dans certaines circon-
stances, ils agissent tous de la même manière les uns sur
les autres, ou subissent la même action de la part des
agents (chaleur, électricité, lumière) dont nous avons
parlé plus haut. C'est l'étude de ces propriétés et de ces
actions générales qui constitue la *physique* proprement dite.

### PROPRIÉTÉS GÉNÉRALES DES CORPS.

**2.** Avant d'étudier les propriétés générales des corps,
il faut bien concevoir ce que c'est qu'un corps; l'idée d'un
corps est tellement simple que parfois on a peine à la saisir,
parce qu'on y attache des idées particulières telles que
celles de solidité, de visibilité; en un mot, ou veut quelquefois qu'un corps soit nécessairement palpable à nos
sens. Or, il n'en est pas ainsi : tout ce qui occupe une
portion quelconque de l'espace infini dans lequel nous
nous trouvons est un corps. L'air, l'eau sont des corps;
la moindre parcelle de poussière est un corps tout comme
notre globe entier.

**3.** De la seule définition précédente résultent deux
propriétés générales des corps, l'*étendue* et l'*impénétrabilité*; puisqu'un corps occupe une partie de l'espace, il
est étendu, et par cela seul qu'il occupe cette partie de
l'espace, un autre corps ne peut l'occuper : donc tout corps
est impénétrable, voilà une idée fort simple; pourtant il
est rare qu'on l'admette sur-le-champ, la première fois
que l'on se trouve en face d'elle; on lui crée des objections immédiates ; ainsi l'on dit : L'eau est pénétrable,
car on peut y plonger la main ; oui, mais la main et l'eau
n'occupent pas la même place, et la preuve c'est que si
l'eau est dans un petit vase, dans un verre, par exemple,
on la verra monter sensiblement, ce qui vous montre
que si votre main a pris sa place, l'eau a pris une autre

place ; elle s'est déplacée, voilà tout. Il en est de même lorsqu'on enfonce un clou dans un morceau de bois ; les fibres se resserrent pour faire place au clou, mais elles n'occupent pas la même place que lui.

Nous connaissons donc déjà deux propriétés générales dès corps : l'*étendue* et l'*impénétrabilité* ; l'observation nous en indique plusieurs autres qui sont : la *divisibilité*, la *porosité*, la *compressibilité*, l'*élasticité*, la *mobilité* et l'*inertie*.

### Divisibilité.

4. La *divisibilité* est la propriété que possèdent tous les corps de pouvoir être partagés en plusieurs parties distinctes ; ces parties elles-mêmes peuvent aussi être divisées ; la division peut aller jusqu'à l'infini, du moins idéalement. En réalité il arrive un point où nous ne pouvons plus diviser un corps, où les parties que nous avons séparées sont tellement petites qu'elles échappent à tous nos moyens mécaniques de division. Mais quelle que soit la petitesse d'une de ces parties, notre esprit peut encore la concevoir partagée en plusieurs autres, et du moment où notre esprit conçoit cette division, c'est qu'elle est possible, peu importe la faiblesse de nos moyens pratiques ; ce que nos mains ne peuvent faire, notre esprit l'exécute, et cela doit nous suffire : c'est pourquoi nous disons hardiment que les corps sont divisibles à l'infini, quoique nous ne puissions pousser fort loin leur division. Mais cette divisibilité infinie n'est, avons-nous dit, qu'idéale ; les forces de notre esprit peuvent seules y conduire ; or, comme ces forces-là n'agissent jamais sur les corps, nous devons les laisser de côté et voir si les forces de la nature, c'est-à-dire les forces mécaniques, physiques ou chimiques qui, dans la nature, agissent sur les corps, peuvent jamais pousser aussi loin leur division. Ainsi envisagée, la divisibilité réelle des corps n'est plus infinie ; on est forcé d'admettre, par suite d'observations chimiques, que les forces les plus puissantes de la nature, les forces chimiques, peuvent

pousser la division des corps bien au delà, réellement,
de tout ce que nos sens peuvent percevoir, mais ne peuvent dépasser certaines limites, de sorte que nous
pouvons considérer les corps comme formés de parties
excessivement petites et indivisibles. Ces parties extrê-
mes des corps reçoivent différents noms : on les appelle
*atomes*, *molécules* et *particules*. La distinction à établir
entre ces expressions est de peu d'importance pour nous:
nous n'emploierons guère que le terme *molécule*.

Nous pouvons actuellement nous faire une idée de la
constitution des corps, et déduire de cette idée de nou-
velles propriétés générales que l'observation devra con-
firmer.

### *Attraction.*

5. Les corps sont formés de molécules agglomérées.
Voilà tout ce que nous savons jusqu'à cette heure, et immédiatement doit se présenter à notre esprit cette question:
Comment s'est faite cette agglomération ? Quelle est la
cause, la force qui l'a produite? Certes, la main de Dieu
ne s'est pas amusée à joindre les unes contre les autres ces
molécules en nombre infini de l'infinité des corps : elles
ont dû se réunir d'elles-mêmes ; mais comment a pu se
faire, en vertu de quelle force, encore une fois, s'est
faite cette réunion spontanée? Une hypothèse se présente sur-le-champ à notre esprit : lorsque nous voyons
une aiguille aimantée marcher vers un aimant, et venir
se joindre à lui sans qu'aucune force étrangère l'y
pousse et l'y retienne, nous n'hésitons pas à dire que
l'aimant attire l'aiguille. Les molécules des corps se
sont jointes de même sans être poussées par aucune
force étrangère : donc il est naturel d'admettre qu'elles
s'attiraient mutuellement, que la force qui les a mues
l'une vers l'autre était leur propre *attraction*. Cette force
de l'attraction est admirable de simplicité et de puissance ; c'est elle qui a constitué notre globe, c'est elle
qui régit l'infinité des mondes. Toutes les molécules des
corps s'attirent, tous les corps de la terre s'attirent et

sont attirés par elle ; enfin, tous les globes qui nous entourent, tous les mondes de l'univers infini s'attirent.

L'observation n'a pas constaté directement (et ne peut guère le faire) l'attraction des molécules des corps, mais c'est là une de ces hypothèses si frappantes de vérité que l'expérience n'ajouterait presque rien à leur évidence. Quant à l'attraction des corps entre eux, on peut l'observer, et leur attraction par la terre est le fait le plus constant qui se passe sous nos yeux ; nous éprouvons cette attraction qui nous fixe au sol, nous l'éprouvons dans chaque effort que nous faisons pour soulever un corps, nous la voyons dans chaque pierre qui tombe. Nous lui donnons un nom particulier, nous l'appelons *pesanteur*, nous disons que tous les corps sont *pesants* ; mais la pesanteur n'est rien que de l'attraction, les corps ne sont pesants que parce qu'ils sont attirés par la terre.

L'attraction des corps célestes a un autre nom : on l'appelle *gravitation*. Tous les corps s'attirent proportionnellement à leur masse et en raison inverse du carré de leur distance : telle est la grande loi de la gravitation universelle, loi aussi sublime que son objet ; l'esprit patient de Kepler l'avait préparée, le génie puissant de Newton la découvrit. Cette loi règle à elle seule le mouvement de tous les corps célestes, permet de calculer à chaque instant leurs positions.

Il existe dans les corps une force opposée à l'attraction, c'est la *répulsion*. Il est difficile de concevoir que des molécules s'attirent et se repoussent à la fois : aussi l'on admet généralement que la répulsion est due à un fluide (1) intérieur, la chaleur, dont nous parlerons plus tard. Quoi qu'il en soit, cet antagonisme de l'attraction et de la répulsion constitue trois états différents des corps : dans

---

(1) Voici la première fois que le mot *fluide* se présente, et c'est avec une signification particulière qu'il est essentiel de bien faire connaître. On réunit en général les liquides, les gaz, sous le nom commun de *fluides* ; mais on donne particulièrement ce nom à certains agents dont on ignore la nature et qui produisent la chaleur, l'électricité, le magné-

les solides l'attraction est plus forte que la répulsion
dans les liquides ces deux forces sont sensiblement égales ; enfin dans les gaz la répulsion est plus forte que
l'attraction. C'est pourquoi nous voyons les solides avoir
une forme fixe et permanente, les liquides ne pas avoir
de forme, mais conserver celle qu'on leur donne en les
renfermant dans des vases, et les gaz ne pas avoir de
forme et, de plus, chercher continuellement à se déve-
lopper.

### *Porosité.*

6. Nous savons maintenant que les corps sont com-
posés de molécules qui par leur attraction mutuelle sont
venues se joindre les unes aux autres. Il nous reste à
savoir comment s'est faite cette juxta-position : elle peut
avoir lieu de tant de manières différentes qu'il serait im-
prudent de supposer quelque chose ; mais, en revanche,
nous pouvons rejeter certaines hypothèses particulières ;
ainsi il est peu probable que les molécules des corps aient
des formes telles qu'en venant se placer les unes contre
les autres elles se joignent complétement par tous
leurs points, de sorte qu'il n'existe entre elles aucun
vide, aucun intervalle. Lors donc que nous disons qu'il
existe des interstices entre les molécules des corps, nous
ne faisons pas d'hypothèse, nous en rejetons une au
contraire. Ces interstices nous les appelons *pores,* et nous
disons que les corps sont *poreux,* que la *porosité* est une
propriété générale des corps.

L'expérience ne nous indique pas toujours cette propriété : ainsi, si d'un côté certains corps, comme le charbon, présentent des pores visibles, et si d'autres, comme
la craie, se laissent imbiber par un liquide ou un gaz,
d'un autre côté certains corps, comme le verre, le cristal

---

tisme et la lumière ; ce sont les fluides calorique, électrique, magnétique et lumineux. On distingue en disant que ces derniers fluides sont
des fluides impondérables, tandis que les liquides et les gaz sont des
fluides pondérables. Pour nous, quand nous emploierons le mot *fluide*,
c'est qu'il s'agira des fluides impondérables.

de roche et en général tous les corps transparents, ne se laissent traverser par aucun liquide ni par aucun gaz. Devons-nous conclure de là que la porosité n'est pas une propriété générale des corps, qu'elle n'appartient qu'à certains d'entre eux? Nullement; nous allons nous en convaincre en considérant une autre propriété générale des corps qui est une conséquence de la porosité et ne peut exister sans elle.

### *Compressibilité et Élasticité.*

7. Lorsqu'on comprime un corps, on en rapproche évidemment les molécules; or rapprocher deux molécules c'est diminuer leur distance, et pour qu'on puisse le faire, il faut que cette distance existe : donc si l'on peut comprimer tous les corps, c'est que dans tous les corps il existe des distances entre les molécules, et, par suite, des pores. Or l'expérience montre que tous les corps sont *compressibles*: donc ils sont tous poreux.

La *compressibilité* existe dans les corps à différents degrés. Dans les gaz elle est extrême : ainsi l'on peut comprimer un gaz de manière à rendre son volume cent fois plus petit. Dans les liquides, au contraire, elle existe à peine; l'eau ne perd que quelques cent millièmes de son volume sous des pressions très-considérables. Enfin, dans les corps solides elle varie considérablement d'un corps à l'autre.

Si un corps que l'on vient de comprimer, de courber ou de tordre, restait dans cet état jusqu'à ce qu'on le comprime de nouveau, ou qu'on le recourbe, ou qu'on le retorde, on conçoit que l'aspect de la terre serait à chaque instant complétement changé par chaque souffle de vent qui raserait sa surface. Pour obvier à ces continuelles variations, la nature a placé dans les corps une force opposée à la compressibilité, c'est l'*élasticité*. Lorsqu'on comprime un corps on sent une plus ou moins grande résistance, et lorsque l'on cesse la compression on voit le corps reprendre plus ou moins parfaitement sa forme primitive; c'est l'effet de l'élasticité. Les corps solides sont plus ou moins élastiques ; certains d'entre eux, tels que l'ivoire, le verre et l'acier trempé, reprennent, après avoir été comprimés, leurs formes primitives d'une manière si complète qu'il est difficile d'y apercevoir un changement sensible, lors même que la compression a été très-forte. D'autres corps, comme l'argile, la cire, sont presque complétement dénués d'élasticité. On ne rencontre pas les mêmes différences d'élasticité dans les liquides et les gaz. Si la perfection n'était pas un état extrême que l'on ne peut pas admettre rigoureusement dans la nature, on pourrait dire que chez tous ces corps l'élasticité est parfaite. Toujours est-il que nous ne pouvons découvrir la moindre altération dans un gaz (1) ou un liquide, après lui avoir fait subir d'énormes pressions.

### *Mobilité et Inertie.*

8. La *mobilité* et l'*inertie* sont des propriétés générales des corps relatives à leur mouvement : un corps en mouvement est un corps auquel on fait successivement occuper des lieux différents dans l'espace. Un corps ne peut pas de lui-même se mettre en mouvement lorsqu'il est en repos, ni en repos lorsqu'il est en mouvement : voilà l'inertie : en revanche, tous les corps peuvent être mis en mouvement ou en repos : voilà la mobilité.

Le mouvement peut être absolu ou relatif : il en est de même pour le repos. Le mouvement absolu d'un corps est son mouvement réel, celui que nous observerions si nous pouvions nous placer en un point fixe, et de là considérer le corps. Le mouvement relatif d'un corps est celui qu'il possède par rapport à un système fixe dont les différentes parties conservent entre elles les mêmes distances. Par exemple, un bateau descend rapidement une rivière, un homme marche dans ce bateau en sens contraire de son mouvement : pour une autre personne placée dans le bateau, cet homme semble remonter la rivière :

---

(1) Il ne s'agit ici que des gaz permanents et non des vapeurs qui se changent en liquide lorsqu'on les comprime.

c'est un mouvement relatif ; mais pour un observateur placé sur la rive, cet homme descend la rivière : c'est son mouvement réel ; je n'ose dire son mouvement absolu, parce que ce ne l'est pas en réalité. Nous ne pouvons pas observer de mouvement absolu ; sans cesse emportés par le mouvement de la terre, nous ne sommes jamais fixes, de sorte que les mouvements que nous observons à la surface de la terre ne sont que des mouvements relatifs. Il en est de même évidemment pour le repos : les corps qui nous semblent immobiles sont animés du mouvement rapide de notre globe.

Nous avons dit qu'un corps ne pouvait se mettre de lui-même en mouvement ; c'est une de ces choses évidentes auxquelles personne ne pense à faire d'objections ; mais nous avons dit aussi qu'aucun corps mis en mouvement ne pouvait de lui-même se mettre en repos : on pourrait conclure de là que le mouvement d'un corps doit être éternel ; certes, il en serait ainsi s'il n'existait des causes étrangères qui détruisent ce mouvement ; or, ces causes existent partout dans la nature : il est impossible de produire aucun mouvement sans rencontrer quelque résistance. D'abord, tout corps tend à tomber vers la terre et à s'arrêter à sa surface : il faudrait donc, pour donner un mouvement perpétuel à ce corps, le soustraire à l'action de la pesanteur, le suspendre, et nous ne pourrons jamais produire une suspension assez parfaite pour détruire tout frottement : en outre, l'air oppose une résistance assez considérable, et lors même que nous voudrions faire mouvoir une machine dans le vide, nous ne pourrions pas encore produire un vide assez parfait pour détruire complétement cette résistance. Donc, en résumé, quoique l'inertie des corps soit complète, nous ne pouvons produire aucun mouvement perpétuel. Tout mouvement donné à un corps finira par s'arrêter ; mais cet arrêt ne viendra nullement du corps lui-même, il sera le résultat de causes étrangères.

### PESANTEUR.

9. Nous avons dit que la pesanteur n'était qu'un cas particulier de l'attraction ; tous les corps situés à la surface de la terre sont attirés par la terre. Cette attraction se fait de molécules à molécules, c'est-à-dire que toutes les molécules d'un corps sont attirées et attirent toutes les molécules de la terre. On conçoit aisément que l'attraction est d'autant plus forte qu'il y a plus de molécules, c'est-à-dire que la *masse* ou la quantité de matière des corps est plus grande. Donc, plus un corps a de masse, plus il est attiré par la terre. La mesure de cette attraction est le *poids* du corps, c'est la pression que le corps attiré fait subir aux corps qui le supportent.

De ce qué les corps les plus pesants sont ceux qui sont le plus attirés faut-il conclure qu'ils doivent tomber plus vite que les autres? Nullement, car si la pesanteur agit plus fortement sur ces corps, en revanche elle a aussi plus de travail à exécuter ; si deux personnes traînent deux objets dont l'un est beaucoup plus lourd que l'autre, la personne la plus chargée pourra tirer beaucoup plus fort que l'autre sans pour cela aller plus vite qu'elle : il en est de même pour la pesanteur ; son action sur les corps massifs est plus forte, mais l'inertie de ces corps est aussi plus difficile à vaincre. D'ailleurs, on suppose généralement que les molécules de tous les corps renferment la même quantité de matière, ont la même masse ; par conséquent lorsque la terre les attire elles doivent toutes tomber vers sa surface avec la même rapidité, et il doit en être de même de leurs ensembles, c'est-à-dire des corps qu'elles composent. Donc, tous les corps doivent tomber avec la même vitesse vers la terre. Voilà une assertion déduite du raisonnement, et qui peut paraître très fausse lorsque l'on considère ce qui se passe tous les jours sous nos yeux ; nous voyons constamment en effet une pierre tomber beaucoup plus vite qu'un morceau de papier ou qu'un bouchon de liége ; mais ce fait n'est que le résultat de la résistance de l'air, et il faut bien remarquer que dans ce qui précède nous n'avons tenu aucun compte de cette résistance ; nous n'avons considéré que la pesanteur, rien que la pesanteur, sans nous occuper des causes étrangères qui peuvent modifier ses effets. La résistance de l'air agit ici en sens contraire de la pesanteur ; elle a aussi à vaincre l'inertie des corps, elle est donc d'autant plus puissante que cette inertie est plus faible, que la masse du corps est moindre ; en d'autres termes elle doit d'autant moins s'opposer à la chute des corps que ceux-ci sont plus massifs ; c'est pourquoi ceux-ci tomberont plus vite. Ainsi se trouve détruite la seule objection frappante que l'on puisse faire au principe énoncé plus haut. Comme on n'aime pas à se fier uniquement au raisonnement, on a vérifié ce principe par l'expérience suivante :

On place dans un tube long et large différents corps tels que des balles de plomb, de petits morceaux de papier, de liége, etc. Ce tube est fermé hermétiquement à l'une de ses extrémités : à l'autre on adapte un robinet en cuivre qui peut se visser en même temps sur une machine pneumatique. Cette machine, dont nous parlerons plus tard, sert à aspirer l'air, à faire le vide : on parvient avec cette machine à enlever l'air du tube, puis on ferme le robinet et on renverse le tube ; alors les corps placés dans sa partie inférieure tombent, et on les voit tomber avec la même vitesse et arriver en même temps au bout du tube. Le principe se trouve ainsi démontré.

10. Nous savons donc que la pesanteur est une force qui agit de la même manière sur tous les corps. Dans quelle direction agit cette force ? Nous pouvons facilement le reconnaître au moyen du *fil à plomb*, qui est tout simplement un corps pesant (une boule de plomb, par exemple) attaché à un fil. En transportant ces instruments dans différents endroits peu éloignés, on voit le fil prendre toujours la même direction, rester parallèle à lui-même, et on peut voir aisément qu'il est aussi toujours perpendiculaire à la surface d'une pièce d'eau ou simplement d'un liquide enfermé dans un vase. Cette direc-

tion est appelée *verticale*, et la direction perpendiculaire des surfaces liquides est appelée *horizontale*. Nous avons dit que les verticales de différents lieux peu éloignés sont parallèles ; cependant ce parallélisme n'est pas rigoureux, et deux fils à plomb placés dans des endroits éloignés sont sensiblement inclinés l'un sur l'autre. Quelle est donc la direction rigoureuse des verticales? Des raisonnements très-simples et l'expérience indiquent que toutes les verticales sont dirigées vers le centre du globe terrestre, de sorte que tous les corps en tombant se dirigent vers ce centre.

11. Tous les corps sont attirés vers le centre de la terre ; nous pouvons dire aussi qu'ils sont attirés par ce centre, c'est-à-dire que l'attraction de la terre est la même que si toute la masse était réunie en son centre : en d'autres termes, si l'on conçoit placée au centre de la terre une molécule idéale ayant pour masse celle la terre, l'attraction de cette molécule sera absolument la même que celle qu'exerce la terre sur les corps placés à sa surface. C'est ce que le calcul démontre. Il résulte de là une conséquence importante : on sait que la terre n'est pas rigoureusement sphérique, elle est aplatie vers les pôles ; par suite, les corps placés près des pôles sont moins éloignés du centre de la terre que ceux qui sont placés vers l'équateur; or, nous avons dit que l'attraction des corps était en raison inverse du carré de leur distance ; il en résulte qu'un même corps sera plus pesant étant placé au pôle qu'à l'équateur, en d'autres termes, que la pesanteur diminue lorsque l'on va du pôle vers l'équateur. Du reste, la diminution que l'on observe est aussi due à une autre cause qui s'ajoute à la précédente ; c'est que la force centrifuge due au mouvement de la terre autour de son axe est d'autant plus intense et en même temps d'autant plus contraire à la direction de la pesanteur que l'on s'approche plus de l'équateur.

12. *Loi de la chute des corps.* — Un calcul simple démontre que la vitesse d'un corps qui tombe est proportionnelle au temps, et que les espaces parcourus sont pro-

portionnels aux carrés des temps employés à les parcourir et comptés à partir de l'origine du mouvement. Ainsi, si au bout de la première seconde un corps a parcouru un mètre, au bout de la deuxième seconde il en aura parcouru quatre, au bout de la troisième neuf, et ainsi de suite.

On a vérifié cette loi par l'expérience ; il était difficile de le faire par une expérience directe, le mouvement d'un corps qui tombe est trop rapide pour que l'on puisse mesurer à la fois d'une manière exacte et les espaces parcourus, et les temps employés à les parcourir ; il fallait donc diminuer l'action de la pesanteur, mais la diminuer d'une manière uniforme en altérant seulement la vitesse du mouvement et non pas sa nature. On a pour cela deux moyens principaux : le plan incliné et la machine d'Atwood.

Lorsqu'on place une sphère bien polie sur un plan également bien poli, elle roule en ligne droite vers le bas du plan, et elle roule d'autant plus vite que le plan est plus incliné. La pesanteur est alors diminuée dans un rapport qui dépend uniquement de l'inclinaison du plan ; si donc on incline très-faiblement le plan, la pesanteur sera fortement diminuée, et le sera toujours dans le même rapport en maintenant le plan très-fixe de manière à ce que son inclinaison ne varie pas. Cette expérience vérifie la loi énoncée plus haut.

La machine d'Atwood sert aussi à diminuer l'action de la pesanteur, en opposant en quelque sorte cette action à elle-même. Dans la gorge d'une poulie passe un fil de soie ; au deux extrémités de ce fil on a placé deux poids M et N égaux. La pesanteur les sollicitant également en deux sens opposés, ils restent en équilibre ; on ajoute alors aux deux poids deux petites pièces dont l'une est un peu plus pesante que l'autre : aussitôt le poids le plus chargé, le poids M par exemple, commencera à descendre en faisant remonter le poids N ; la chute sera lente, de sorte qu'on pourra lire sur une règle divisée les espaces parcourus, en même temps que l'on compte le temps sur une pendule à secondes placée près de la machine, et ces mesures vérifient la loi énoncée. La lenteur de la chute est facile à expliquer ; en effet, supposons que le poids des masses M et N, après qu'on y a ajouté les petites masses, soit $m$ et $n$ ; nous avons dit que $m$ était plus grand que $n$ mais d'une petite quantité : c'est cette petite différence de poids qui provoque la chute, c'est le petit poids $m$-$n$ qui fait mouvoir le système ; pour cela il faut que ce petit poids entraine les deux masses $m$ et $n$ en faisant descendre l'une et monter l'autre, de sorte que l'effort de la force $m$-$n$ s'exerce sur une masse $m+n$ ; il est facile de comprendre que l'effet doit être diminué dans le rapport de $m$-$n$ à $m+n$.

13. Nous avons dit que la masse d'un corps était la quantité de matière qu'il contenait ; nous admettons cette définition quoiqu'elle ne soit pas la plus rigoureuse et qu'elle ne soit simple qu'en apparence, mais ce n'est pas ici le lieu d'entrer dans des détails sur ce sujet : cette idée de quantité de matière se conçoit aisément, et cela nous suffit. Le volume d'un corps est la quantité d'espace qu'il occupe. Dans un même corps il y a naturellement d'autant plus de masse que le volume est plus grand : mais deux corps différents peuvent avoir des masses très-différentes sous le même volume ; car nous avons dit que plus un corps avait de masse, plus il était attiré par la terre, plus il était pesant ; en d'autres termes le poids est proportionnel à la masse ; or, nous savons très-bien que fort peu de corps pèsent autant l'un que l'autre sous des volumes égaux. Cette différence de poids ou de masse des corps sous un même volume dépend de leur différence de porosité ; il est clair que plus un corps est poreux, moins il renferme de masse sous un volume donné. Ce rapport de la masse au volume, qui varie d'un corps à un autre, est appelé *densité* ; le rapport du poids au volume est appelé *poids spécifique*. Le même rapport qui existe entre le poids et la masse existe aussi évidemment entre le poids spécifique et la densité. Ce rapport est ce que l'on appelle la *gravité* ; il exprime l'intensité de la

pesanteur variable d'un lieu de la terre à l'autre (n. 11) ; plus la pesanteur agit fortement, plus la même masse est attirée vers la terre ou est pesante. La gravité se mesure par le nombre de  mètres qu'un corps parcourt en tombant pendant la première seconde de  sa chute ; à Paris ce nombre est $9^m$, 808. En multipliant la masse d'un corps par ce nombre, on aura son poids à Paris : pour avoir le poids du même corps transporté près du pôle, il faudrait multiplier par un nombre plus fort. En résumé, la masse est une quantité fixe, tandis que le poids varie d'un lieu à l'autre de la terre.

14. Un corps est pesant, avons-nous dit, parce que toutes ses molécules sont attirées par la terre ; nous savons aussi que ces attractions se font suivant des  verticales qui sont sensiblement parallèles pour des lieux peu éloignés et à plus forte raison pour les molécules d'un même corps ; ainsi donc ces attractions sont des forces parallèles, et comme tous les points d'un corps sont liés entre eux, ces forces parallèles peuvent se remplacer par une seule force appliquée en  un certain point du corps ; c'est là une des premières notions de mécanique ; cette force unique, cette résultante est le poids du corps ; le point où elle s'applique est le *centre de gravité*. C'est le centre d'action de la pesanteur.

Si l'on suspend un corps par un fil, il est clair que lorsqu'il sera mis en équilibre, le fil prolongé dans l'intérieur irait passer par le centre de gravité. Donc, si l'on suspend par deux points successivement, les deux directions des fils en se coupant feront connaître le centre de gravité ; si l'on place un corps sur un support, il ne pourra être en équilibre que si la verticale qui passe par le centre de gravité tombe entre les points par où le corps repose.

15. *Pendule.* — Le pendule est tout simplement un corps pesant suspendu à un fil attaché en un point appelé point de suspension. Lorsque ce système est en repos, le fil est nécessairement  vertical (fig. 1) ; si on l'écarte de cette position verticale et qu'on l'abandonne ensuite à lui-même sans lui donner d'impulsion, le poids du corps

tend à l'y ramener, et l'on voit le fil se transporter à droite et à gauche de cette position, *osciller* autour d'elle. Ces mouvements ou ces *oscillations* seraient perpétuels si le frottement du fil au point de suspension et la résistance de l'air ne les arrêtaient peu à peu. Ces oscillations se font plus ou moins vite; le temps qu'emploie le corps à aller du point A au point B, c'est-à-dire la durée d'une demi-oscillation, dépend de la longueur du pendule. Les mathématiciens ont trouvé par le calcul et les physiciens ont vérifié par l'expérience la loi de ces oscillations; elle consiste en ce que *les durées des oscillations sont proportionnelles aux racines carrées des longueurs des pendules.*

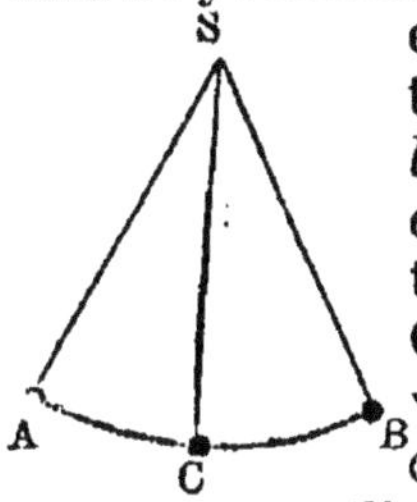

Mais le pendule des mathématiciens n'est pas le même que celui des physiciens. Le premier, appelé *pendule simple*, est un pendule idéal, composé d'un corps pesant, suspendu à un fil sans poids. Le second, nommé *pendule composé*, est un pendule réel, c'est-à-dire composé d'un corps pesant suspendu à un fil pesant ou à une tige pesante. Dans le premier, la longueur du pendule est la distance de l'extrémité du fil qui sert de point de suspension au centre de gravité du corps, et c'est cette longueur dont il est question dans la loi précédente. La longueur du pendule composé doit être prise autrement pour que la loi puisse s'y appliquer; nous allons voir pourquoi. Si nous avons cinq corps pesants, attachés à un fil supposé sans poids, il est clair que le mouvement de chacun de ces corps ne sera pas le même que s'ils étaient seuls. Considérons, par exemple, celui du milieu; s'il était seul, il aurait un certain mouvement réglé par la loi précédente : les deux poids supérieurs auront un mouvement plus rapide, et les deux poids inférieurs, un mouvement plus lent; et, à moins que ces deux mouvements se compensent, ce qui serait une exception, ils devront modifier le mouvement du corps du milieu, auquel les autres poids sont liés, et qu'ils entraînent. Or, un pendule composé est précisément un système analogue au précédent : c'est une suite infinie de points liés entre eux, et l'on conçoit que le mouvement du centre de gravité du corps suspendu doit être autre que si, au-dessus et au-dessous de ce centre, il n'existait pas de points pesants. Les points situés au-dessus tendent à osciller plus vite que ce centre ; ceux qui sont au-dessous, plus lentement ; quant au centre lui-même, il tend à osciller plus vite qu'il ne devrait le faire eu égard à la loi du pendule, parce que la quantité de points situés au-dessus de lui est naturellement plus grande que celle des points situés au-dessous. Les premiers oscillant plus lentement qu'ils ne devraient le faire s'ils suivaient la loi du pendule, et le centre de gravité plus vite, il est évident qu'il doit exister au-dessus du centre de gravité un point qui oscille précisément comme il doit le faire en suivant cette loi, comme il le ferait, en d'autres termes, s'il formait un pendule simple. Ce point est appelé *centre d'oscillation*, et c'est sa distance au point de suspension qui constitue la longueur d'un pendule composé. Ce centre se détermine expérimentalement, au moyen de propriétés qu'indique le calcul.

Nous avons parlé de la durée d'une oscillation, mais nous n'avons pas dit de quelle oscillation il s'agissait : est-ce de la première ou des suivantes ? Il s'agit d'une oscillation quelconque. En effet, et c'est là une des propriétés remarquables du pendule, toutes les oscillations ont la même durée, ce qu'on exprime en disant qu'elles sont *isochrones;* ainsi lorsque nous voyons un pendule exécuter des oscillations de plus en plus petites, nous pouvons reconnaître que ces oscillations, malgré leur différence d'amplitude, se font toutes dans des intervalles de temps égaux. Cette propriété du pendule est appelée *isochronisme.*

16. Il est beau de voir combien de grandes découvertes ont été faites ou vérifiées par le pendule, cet instrument si simple. La mesure de ses oscillations a conduit à une vérification rigoureuse des lois de la chute des corps, et à une mesure exacte de la force de la pesanteur dans tous

les points du globe. Pour concevoir ce dernier point, nous devons indiquer la formule qui donne la durée d'une demi-oscillation du pendule ; la voici :

$$t = \pi \sqrt{\frac{l}{g}},$$

en désignant par $t$ la durée en question, par $\pi$ le rapport de la circonférence au diamètre, par $l$ la longueur du pendule, et enfin par $g$ la gravité (n° 13) dans le lieu de la terre où se trouve le pendule. On déduit de cette formule :

$$g = \frac{\pi^2 l}{t^2},$$

et l'on voit qu'en mesurant la longueur et la durée d'une demi-oscillation du pendule on obtient la valeur de $g$, c'est-à-dire de la gravité ; c'est ainsi qu'on a obtenu le nombre $9^m$, 808 pour Paris.

17. On a été plus loin ; avec ce simple instrument on a pesé la terre, et de ce poids de la terre on a déduit celui de la lune, du soleil, des planètes : le pendule a été transformé en une balance du monde. Le principe de. cette admirable pesée repose sur la proportionnalité de l'attraction aux masses. Certains physiciens ont mesuré d'abord la déviation du pendule produite par de hautes montagnes, et ont déduit le rapport de l'attraction de ces montagnes à celle de la terre, et par suite le rapport de leur masse ; il ne restait plus qu'à mesurer le volume de ces montagnes et la densité des matières qui les composaient pour connaître leurs masses. Cavendish a opéré plus exactement. Deux petites masses $m, m'$ sont fixées à l'extrémité d'un levier horizontal, suspendu par son milieu à un fil très-mince ; deux grosses boules M, M' sont fixées à l'extrémité d'un autre levier, au moyen de deux tiges ; ces masses attirent les petites masses $m, m'$, qui ne sont pas retenues par la pesanteur, puisqu'elles se font équilibre l'une à l'autre. On voit alors ces masses osciller comme ferait un pendule. En mesurant la durée de ces oscillations, la longueur du bras de levier des masses et

la distance qui sépare les centres des petites et des grosses masses, on mesure l'attraction de celles-ci. En com-
parant cette action de masses connues sur un pendule horizontal à celles de la terre  sur un pendule vertical, on
peut mesurer la masse de la terre.

18. *Balance.*—Nous avons dit (n° 9) que le poids d'un
corps était la pression  qu'il fait subir  à un corps qui le
supporte, lorsqu'il est abandonné à l'action de la pesanteur. Pour mesurer le poids d'un corps, il faut donc mesurer cette pression, et pour mesurer cette pression il
faut la comparer à certaines pressions convenues. Une
certaine masse, que nous appelons *gramme*, produit une
certaine pression ;  si nous reconnaissons qu'un autre
corps produit la même pression, nous disons que ce corps
pèse autant qu'un gramme , ou pèse un  gramme. Pour
reconnaître si un corps a la même pression qu'un autre,
il suffit évidemment de suspendre les deux corps aux extrémités d'un levier  qui  repose  par son milieu sur un
point fixe; si ce levier est horizontal, les deux corps auront évidemment le même poids. La *balance* n'est pas au-

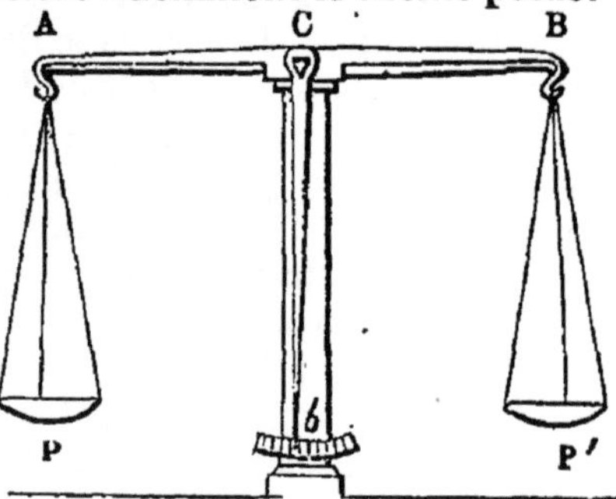


tre chose que ce levier.
Au milieu du levier
AB, appelé *fléau*, se
trouve fixé un prisme
triangulaire, en acier,
appelé *couteau ;* ce
prisme repose, par
une de ses arêtes, sur
une surface polie, si-
tuée au-dessus du sup-
port CD. Enfin aux

extrémités A et B du fléau se trouvent suspendus, au
moyen de fils, deux plateaux P, P'. Tel est, en gros,
le détail d'une bonne balance. Dans l'un des plateaux,
on met le corps à peser; dans l'autre , on met des
masses connues (des poids), jusqu'à ce que le fléau
soit horizontal. En ajoutant ces poids, on a le poids du
corps. Pour savoir si le levier est horizontal, on fixe au

milieu du fléau une longue aiguille *ab*; lorsque la balance
est placée sur une surface très-horizontale et est en équilibre, l'extrémité de l'aiguille *ab* se trouve sur un trait
tracé d'avance, de sorte que lorsque l'on pèse un corps,
il faut ajouter des poids jusqu'à ce que l'aiguille se trouve
arrêtée sur le trait.

Pour qu'une balance soit bonne, il faut que dans le
mouvement du couteau il se développe le moins de frottement possible, que les deux bras de levier du fléau
soient toujours parfaitement égaux, enfin que le centre
de gravité du fléau soit situé au-dessous du point d'appui
du couteau.

Nous avons dit que pour peser un corps on faisait
usage de poids déterminés. On prend maintenant pour
unité de poids le *gramme*: c'est le poids d'un centimètre
cube d'eau, au maximum de condensation. Nous verrons
plus loin, en parlant de la chaleur, ce que signifient ces
derniers mots.

19. *Hydrostatique.* — *Pression des liquides.* — Les
liquides étant pesants doivent exercer sur les vases qui
les contiennent certaines pressions. Voici ce que le calcul, aidé de l'expérience, démontre concernant ces pressions : 1° La pression exercée sur un liquide se transmet
de haut en bas sur les différentes surfaces horizontales
du liquide sans rien perdre de sa force ; 2° La pression
est égale en chaque point d'une même surface horizontale; 3° Elle est proportionnelle à l'étendue de la surface.
Ces principes résultent de la grande mobilité des molécules liquides jointe à leur pesanteur.

De la dernière loi il résulte que la pression exercée
par un liquide sur le fond d'un vase ne dépend que de
l'étendue de ce fond et de la hauteur du liquide, de sorte
que dans des vases de formes différentes, mais ayant des
fonds de même étendue, la pression du liquide sera la
même si ce liquide a le même niveau dans tous les vases.

De la même loi il résulte aussi que dans deux vases
communiquant ensemble le niveau d'un liquide sera le
même, quelle que soit la forme de ces vases.

Ces lois sur la pression des liquides fournissent le moyen de produire, par de faibles pressions, d'autres pressions très-considérables: soient deux cylindres communiquants A et B remplis de liquide; supposons que la surface A ait un décimètre carré d'étendue et la surface B un mètre carré. Au moyen d'un piston exerçant une pression sur la surface A, elle se transmettra à travers le liquide jusqu'à la surface B; mais sur la surface A elle était proportionnelle à un décimètre carré, sur la surface B elle sera proportionnelle à $1^{m.\ c.}$ ou à $100^{\ d.\ c.}$ ; donc la pression sera centuplée en arrivant à la surface B. Tel est le principe de la *presse hydraulique.*

20. *Principe d'Archimède.* — Certains corps flottent sur les liquides, au lieu de tomber ; donc leur poids a été détruit par la pression du liquide ; en d'autres termes ces corps plongés dans le liquide ont perdu de leur poids. Archimède a découvert que cette quantité de poids perdue était précisément égale au poids du liquide que le corps déplace. Ce principe remarquable découvert par le raisonnement a été vérifié par l'expérience ; il suffit de peser un corps sur une balance, puis d'attacher ce corps au-dessous du plateau de la balance et de le faire plonger dans un liquide : on reconnaît qu'il faut pour établir l'équilibre de la balance enlever une certaine quantité de poids : on peut prendre pour corps pesant un cylindre plein, renfermé dans un cylindre creux, et lorsqu'on plonge le cylindre plein dans le liquide, l'équilibre détruit peut se rétablir en remplissant de ce liquide le cylindre creux resté sur le plateau, ce qui prouve ce principe, qu'un corps plongé dans un liquide y perd une partie de son poids égale au poids de liquide qu'il déplace.

On conçoit d'après ce principe que si le liquide déplacé par un corps qui y est plongé pèse moins que ce corps, celui-ci tombera au fond du liquide ; dans le cas contraire, il devra flotter à sa surface.

21. Au moyen du principe précédent, on détermine sans peine les poids spécifiques des corps en les rapportant à celui d'une substance convenue. On prend pour unité de poids spécifique celui de l'eau distillée, et comme au moyen du principe précédent on peut déterminer immédiatement le poids d'un volume d'eau égal à celui d'un corps donné, le rapport de ces poids donne le poids spécifique des corps. Ainsi pour avoir le poids spécifique il suffit de peser un corps dans l'air, puis de le peser lorsqu'il est entièrement plongé dans l'eau, et de voir la quantité de poids qu'il perd ; le rapport du premier poids à cette quantité donnera le poids spécifique cherché.

C'est sur le principe d'Archimède que sont fondés les *aréomètres*, instruments destinés à mesurer les poids spécifiques des liquides et des solides. Il y a deux espèces d'aréomètres, les *aréomètres à volume constant* et les *aréomètres à poids constant*. L'aréomètre à volume constant de Fahrenheit est un tube assez large surmonté d'une tige avec un petit plateau, et portant à sa partie inférieure un corps pesant qui le force à plonger dans l'eau. Sur la tige A B on a tracé un trait d'affleurement *t* ; on place des poids sur le plateau A jusqu'à ce que l'aréomètre plonge dans l'eau distillée jusqu'au trait *t*, et l'on note ce poids une fois pour toutes, en même temps que le poids de l'aréomètre pesé dans l'air : il est clair que la somme de ces deux poids est égale à celui du volume d'eau déplacée. Pour connaître le poids spécifique d'un liquide quelconque, on y plonge l'aréomètre et l'on place des poids sur le plateau jusqu'à ce que le niveau du liquide soit au trait d'affleurement *t* ; en ajoutant ces poids à celui de l'aréomètre, on a le poids du liquide déplacé, et en divisant ce poids par celui de l'eau déplacée mesuré d'abord on a le poids spécifique du liquide.

Pour mesurer le poids spécifique d'un solide on em-

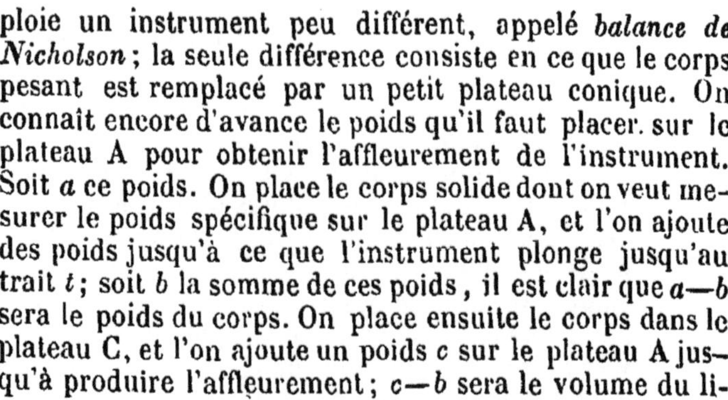

ploie un instrument peu différent, appelé *balance de Nicholson*; la seule différence consiste en ce que le corps pesant est remplacé par un petit plateau conique. On connaît encore d'avance le poids qu'il faut placer sur le plateau A pour obtenir l'affleurement de l'instrument. Soit $a$ ce poids. On place le corps solide dont on veut mesurer le poids spécifique sur le plateau A, et l'on ajoute des poids jusqu'à ce que l'instrument plonge jusqu'au trait $t$; soit $b$ la somme de ces poids, il est clair que $a-b$ sera le poids du corps. On place ensuite le corps dans le plateau C, et l'on ajoute un poids $c$ sur le plateau A jusqu'à produire l'affleurement; $c-b$ sera le volume du liquide déplacé, et $\dfrac{a-b}{c-b}$ sera le poids spécifique du corps.

Les aréomètres à poids constant consistent en un tube divisé portant à sa partie inférieure une boule assez grosse et une autre plus petite, contenant un corps pesant, des grenailles de plomb, par exemple; dans l'eau distillée l'instrument s'enfonce jusqu'à un certain point; on y marque 100; on mesure ensuite le volume de l'aréomètre jusqu'à cette division, et sur les tiges on trace des divisions telles que chacune d'elles est un centième du volume précédent. Alors, pour avoir le poids spécifique d'un liquide, il suffit de voir jusqu'à quelle division l'instrument s'enfonce dans le liquide, et de diviser 100 par le chiffre de cette division.

22. *Pesanteur de l'air.* — L'air est pesant; c'est une chose très-facile à prouver, puisque l'on a le moyen d'enlever l'air contenu dans un vase; il suffit de peser un ballon de verre rempli d'air, puis vide : si le premier poids est plus fort que le second, c'est que l'air est pesant; or, c'est ce qui arrive, et l'on a reconnu ainsi qu'un litre d'air sec a pour poids normal (1) 1$^{gr}$ 2991. Par suite, on peut reconnaître le poids spécifique de l'air. On peut en déduire le poids spécifique de tous les gaz, en prenant ceux-ci dans un ballon dont on connaît le poids lors-

___

(1) J'entends ici par poids normal le poids d'un litre d'air à 0° de

qu'il est rempli d'air, et lorsqu'il est vide; on a ainsi le rapport des poids d'un même volume de gaz et d'air, et par suite le rapport du poids spécifique d'un gaz à celui de l'air; et comme ce dernier est connu, on connaîtra le premier.

Puisque l'air est pesant, cette énorme masse d'air qui s'étend partout au-dessus de nos têtes doit exercer sur nous et sur les corps qui nous entourent une pression assez considérable. Galilée avait mesuré le poids de l'air ; Torricelli, son élève, mesura sa pression. Voici comment on est conduit à la mesure de cette pression : Que l'on prenne un long tube fermé à une de ses extrémités, qu'on le remplisse d'eau, et qu'on le retourne dans une cuvette remplie d'eau, le tube restera complétement plein, à moins qu'il n'ait une hauteur de plus de 32 pieds. Rien ne peut retenir l'eau dans ce tube, si ce n'est la pression de l'air. Que l'on prenne maintenant un liquide très-pesant, du mercure, qu'on en remplisse un tube d'un mètre de hauteur; en retournant ce tube dans une cuvette de mercure, on verra ce liquide descendre de manière à n'occuper qu'environ les trois quarts du tube, environ 76 centimètres ou 28 pouces de hauteur au-dessus du niveau de la cuvette. Ce fait prouve évidemment que la pression d'une colonne d'air, ayant pour base la section du tube et pour hauteur celle de l'atmosphère, est égale au poids de cette colonne de mercure soulevé, qui a 76 centimètres de hauteur.

Cette pression est produite, avons-nous dit, par le poids de l'air; mais ce n'est pas ce poids qui agit directement, car la hauteur de la colonne de mercure est sensiblement la même dans une chambre ou à l'air libre, quoique dans une chambre la colonne d'air n'ait qu'une petite hauteur; mais il faut observer que dans les gaz, ainsi que dans les liquides, les pressions se transmettent entières d'une molécule à l'autre, de sorte que l'air d'une chambre qui est ou a été en communication avec l'air

---

température et à $0^m, 76$ de pression. Nous saurons plus tard la signification de ces expressions.

libre a la même pression que cet air, laquelle est le résultat de son poids.

Le tube rempli de mercure plongé dans une cuvette de mercure constitue un *baromètre.* Il sert à mesurer à chaque instant la pression de l'air, qui varie constamment, soit dans le même lieu, soit d'un lieu à l'autre. Ces variations de pressions résultent et par suite coïncident avec les variations du temps, de sorte que le baromètre sert aussi à indiquer ces variations, et c'est là son usage vulgaire.

La pression de l'air varie avec sa densité, et comme la densité de l'air varie lorsqu'on s'élève à différentes hauteurs, le baromètre doit indiquer différentes pressions à mesure qu'on parcourt ces hauteurs. C'est là-dessus que repose la mesure des hauteurs par le baromètre.

On a construit différents baromètres plus ou moins exacts et plus ou moins faciles à transporter. L'explication de ces différents instruments nous entraînerait trop loin; nous nous contenterons de dire que les deux espèces fondamentales de baromètres sont le baromètre à cuvette et le baromètre à siphon. Le premier n'est autre chose que le tube droit décrit précédemment. Le second consiste en un tube recourbé et rempli de mercure; les deux branches de ce tube sont inégales : la plus longue, qui a plus de 76 centimètres, est fermée; la plus courte est ouverte. La pression de l'air maintient le mercure dans la plus longue branche, à une hauteur d'environ $0^m$ 76 au dessus du niveau dans l'autre branche. Toutes les autres espèces de baromètres ne sont que des perfectionnements des deux précédentes.

23. *Compressibilité des gaz.* — Nous avons dit déjà que les gaz se compriment très-facilement. En comprimant un gaz on en réunit une même masse sous un volume de plus en plus petit, par conséquent on en augmente la densité, en même temps on augmente sa pression; car plus un gaz est comprimé, plus il fait d'efforts pour se détendre. La loi qui règle les changements de pression et de densité, ou de pression et de volume

d'un gaz est fort simple; elle consiste en ce que *la pression d'un gaz est proportionnelle à sa densité, ou en raison inverse de son volume.* Cette loi a été découverte par Mariotte, et porte son nom. Elle se vérifie aisément de la manière suivante : On a un grand tube recourbé; la plus petite branche est fermée, l'autre est ouverte. On verse dans celle-ci du mercure jusqu'à ce qu'il en parvienne une certaine quantité dans la branche fermée, et que le niveau soit le même dans les deux branches. Alors, l'air de la petite branche a la même pression que l'air extérieur. Celle-ci est donnée par la hauteur d'un baromètre voisin. Si maintenant on ajoute une quantité de mercure ayant la même hauteur que celle de ce baromètre, il est clair que l'air contenu dans la petite branche supportera une pression double de celle de l'air extérieur, qu'il supportait auparavant. On verra alors le volume de l'air intérieur se réduire à la moitié de ce qu'il était d'abord. En faisant varier ainsi les pressions d'une manière déterminée, on reconnaîtra que les volumes sont en raison inverse de ces pressions, et réciproquement les pressions en raison inverse des volumes.

Le tube de l'expérience précédente constitue un *manomètre*, c'est-à-dire un instrument propre à mesurer les pressions des gaz ou des vapeurs. Il suffit de diviser en parties égales la hauteur de la petite branche, à partir du niveau du mercure, lorsque ce niveau est le même que dans l'autre branche. Alors, en faisant entrer dans cette autre branche le gaz ou la vapeur dont on veut mesurer la pression, on connaîtra celle-ci par le chiffre de la division à laquelle s'élèvera le mercure dans la petite branche. Ainsi, si le mercure s'y élève jusqu'à la division 2, qui marque la moitié de volume primitive de l'air, on dira que la pression du gaz est égale à deux fois celle de l'air, ou à 2 *atmosphères*. En général, le chiffre de cette division ne marquera pas exactement le nombre d'atmosphères, parce que l'on entend par atmosphère la pression de l'air sous certaines conditions, dont nous parlerons plus tard, quand nous traiterons de la chaleur.

Mais au moyen de certaines corrections, ce chiffre nous donnera le nombre exact.

La loi de Mariotte peut suffire presque toujours. Cependant elle n'est pas rigoureusement vraie. Les belles expériences, faites récemment par M. Regnault, ont montré que les gaz plus denses que l'air et l'air lui-même se compriment un peu plus que ne le veut cette loi, tandis que les gaz moins denses se compriment moins.

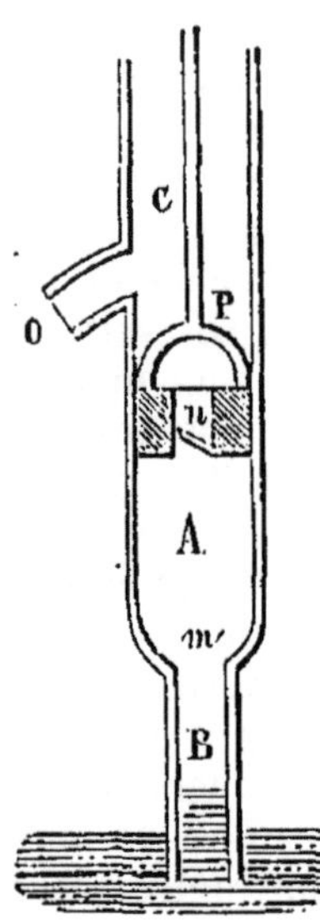

24. *Pompes.* — Les pompes sont fondées sur le changement de pression qu'éprouve l'air lorsque l'on fait varier son volume. Nous ne décrirons ici que la pompe *aspirante*, qui est la pompe ordinaire. Elle se compose d'un cylindre A, dans lequel se meut un piston P. Ce cylindre est terminé par un tuyau B, qui plonge dans un réservoir d'eau, et à l'extrémité duquel se trouve une soupape *m*, qui s'ouvre de bas en haut. Le piston P est percé en son milieu d'un conduit cylindrique qui se ferme aussi par une soupape *n*, s'ouvrant également de bas en haut. Lorsqu'on soulève le piston P, l'air contenu dans l'espace A augmente de volume, et, par suite, sa pression diminue; alors l'air extérieur, pressant plus fort sur la soupape *n*, la maintient fermée, tandis que l'air contenu dans le tuyau B, et dont la pression est alors plus forte que celle de l'air de l'espace A, soulève la soupape *m*; l'air qui occupait l'espace B+A augmentant ainsi de volume, sa pression diminue, et l'air extérieur pressant sur l'eau du réservoir l'oblige à s'élever dans le tuyau B. On abaisse ensuite le piston P; l'air se comprime dans l'espace A, la soupape *m* se referme et la soupape *n* s'ouvre; l'air s'échappe alors de l'espace A et la soupape *n* se referme; puis on soulève de nouveau le piston. Le jeu précédent recommence; l'eau s'élève da-

vantage dans le tuyau B. On continue ainsi ; après quelques coups de piston, l'eau élevée dans le tuyau B force la soupape *m* à s'ouvrir et pénètre dans l'espace A ; de là, lorsqu'on abaisse le piston, elle pénètre dans l'espace C, en ouvrant la soupape *n ;* enfin, lorsqu'on soulève ensuite le piston, elle est soulevée en même temps et se déverse par l'ouverture O. En résumé, on voit qu'au moyen des soupapes *m* et *n* l'eau n'est jamais en communication avec l'air comprimé du cylindre ; la communication ne s'établit au contraire que lorsque la pression est plus faible que celle de l'air extérieur. C'est pourquoi l'eau monte toujours dans le corps de pompe et ne peut redescendre.

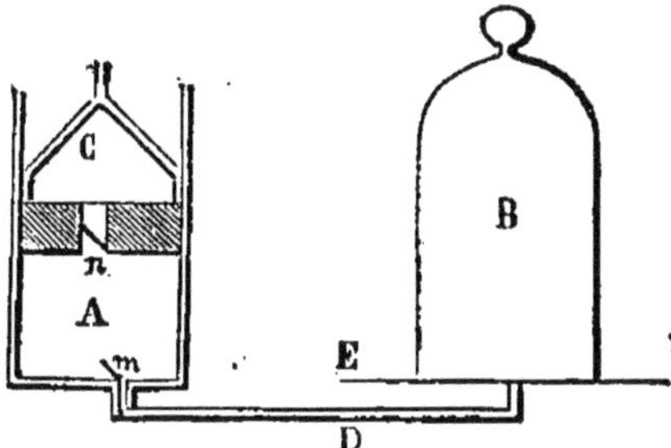

**25.** *Machine pneumatique.* — La machine pneumatique n'est autre chose qu'une pompe à air. Elle sert à extraire l'air contenu dans un espace fermé, à *faire le vide.* Le cylindre A communique avec la cloche D, dont on veut extraire l'air, au moyen du conduit B. Cette communication est interceptée par la soupape *m*, qui s'ouvre de bas en haut. Un piston semblable à celui de la pompe précédente se meut dans le cylindre A. Le jeu de l'appareil est le même que celui que nous venons d'exposer. A chaque coup de piston il sort une certaine quantité d'air de la cloche D, de sorte qu'au bout d'un grand nombre de coups, l'air de cette cloche est presque complétement extrait. Je dis presque complétement, parce qu'au moyen des machines pneumatiques les plus perfectionnées on ne peut parvenir à faire un vide parfait.

**26.** La *machine de compression* ne diffère de la machine pneumatique que par le jeu des soupapes, qui s'ouvrent en sens contraire. Par suite de ce jeu, au lieu d'extraire

à chaque coup de piston une nouvelle quantité d'air de la
cloche D, on y en introduit au contraire une nouvelle
quantité, de sorte que l'air de cette cloche se comprime
de plus en plus. Il faut, bien entendu, que la cloche D
soit fixée solidement sur le plateau EF au moyen de barres métalliques. De plus, on entoure cette cloche d'un
réseau également métallique pour prévenir les accidents
qu'occasionnerait la rupture de la cloche si l'air était
trop comprimé. Dans la machine pneumatique il suffit,
au contraire, de placer une cloche sur le plateau. La
pression de l'air extérieur l'y maintient suffisamment.

ATTRACTION MOLÉCULAIRE.

**27.** *Phénomènes capillaires.* — L'attraction moléculaire se manifeste d'une manière extrêmement remarquable dans certains phénomènes fort simples que nous
voyons se passer souvent sous nos yeux. C'est ainsi que
tout le monde a remarqué l'ascension d'un liquide dans
un morceau de sucre dont une partie seulement y plonge.
Ces phénomènes se réduisent à celui-ci : lorsque l'on
plonge un tube dans un liquide on voit celui-ci s'élever
dans son intérieur, et s'y élever d'autant plus que le
tube est plus fin, c'est-à-dire que son diamètre intérieur
est plus petit. Cette propriété des tubes *capillaires* (fins
comme des cheveux) d'élever ainsi les liquides est appelée *capillarité*, et les phénomènes qui en dépendent
sont appelés *phénomènes capillaires*. Ils sont dus, nous
le répétons, à l'attraction moléculaire. Le verre du tube
attire le liquide de bas en haut, tandis que le liquide
s'attire lui-même de haut en bas. On démontre aisément
par le raisonnement que l'action totale qui soulève ainsi
le liquide est égale à deux fois l'attraction du tube sur
le liquide diminuée de l'attraction du liquide sur lui-
même. Lorsque la première attraction est plus grande
que la moitié de la seconde, le liquide s'élève dans le tube;
dans le cas contraire il s'y abaisse au-dessous de son
niveau extérieur. C'est ainsi que l'on voit s'élever dans

les tubes capillaires l'eau et tous les liquides qui mouillent le verre, tandis que le mercure, qui ne le mouille
pas, s'y abaisse.

Les phénomènes d'imbibition tels que celui du morceau de sucre ne sont autre chose que des phénomènes
capillaires. Le liquide s'élève alors dans les tubes capillaires formés par la suite des pores de ces corps.

Il faut encore ranger parmi les phénomènes capillaires
l'équilibre d'une goutte suspendue ou reposant sur une
surface plane, l'élévation et la courbure de la surface
d'un liquide entre deux lames rapprochées, enfin les
mouvements d'apparente attraction ou répulsion de deux
lames suspendues dans un liquide et très-rapprochées
l'une de l'autre.

### ACOUSTIQUE.

28. Tout le monde sait ce que c'est qu'un *son* ; c'est
cependant, comme tout ce qui est simple, une chose assez difficile à définir ; en revanche il est très-facile de
reconnaître comment sont produits les sons, comment
ils se propagent et d'où proviennent leurs différences.

Sans chercher à donner une définition qui ne nous apprendrait rien, nous allons examiner comment est produit un son quelconque. Chaque fois que nous faisons
vibrer fortement dans l'air une corde tendue ou une
lame élastique, nous entendons un son. Donc les vibrations des corps produisent des sons. Ces sons peuvent
être imperceptibles si les vibrations ne sont pas assez
rapides ; mais de ce que nos sens ne peuvent les percevoir, nous ne devons pas en conclure qu'ils n'existent
pas. Réciproquement tout son est produit par une vibration. En effet il est facile de reconnaître que tout son
est accompagné de vibrations visibles ou non de certains
corps. Ainsi lorsqu'une corde ou une lame produit un son
nous les voyons vibrer. Quant à l'air, nous ne voyons
pas ses vibrations, mais nous pouvons les rendre manifestes en plaçant dans un tube un diaphragme en peau

de vessie recouvert de sable ; si l'on vient à produire un
son dans le tube, en sifflant, par exemple, on voit aussitôt les grains de sable s'agiter, ce qui accuse des vibrations dans le diaphragme, vibrations qui ne peuvent ré-
sulter que de vibrations dans l'air du tube.

29. Ainsi donc les sons résultent de vibrations.
C'est aussi par des vibrations qu'ils se propagent et parviennent jusqu'à notre oreille, où ils font vibrer le tym-
pan. C'est l'air qui par ses vibrations propage ainsi les
sons. En effet il est facile de reconnaître que les sons ne
peuvent se propager dans le vide. Il suffit, pour cela, de
placer sous le récipient d'une machine pneumatique un
timbre d'horlogerie qui peut être mis en mouvement au
moyen d'une tige qui traverse la partie supérieure du
récipient fermée par un bouchon. Lorsque l'on a fait le
vide, on voit le marteau frapper sur le timbre, mais on
n'entend aucun son. En laissant rentrer peu à peu l'air,
on entend des sons, qui sont d'abord très-faibles et vont
en grossissant à mesure que l'air rentre. On conclut de là:
1° que les sons ne peuvent se propager dans le vide ;.
2° qu'ils se propagent dans l'air avec d'autant plus de
force que l'air est plus dense.

30. Les sons se propagent dans l'air avec une vitesse
considérable relativement aux vitesses que nous pouvons produire, mais très-faible relativement à celle de la
lumière. Et nous trouvons là un moyen fort simple de
mesurer la vitesse des sons. Il suffit que deux observateurs se placent dans deux endroits assez éloignés et tels
que l'on puisse apercevoir de l'un une lumière placée
dans l'autre. Ces observateurs ont chacun une pièce de
canon qu'ils font partir à peu près en même temps, à
une heure fixée d'avance. Chacun aperçoit la lumière de
l'explosion, et mesure le temps qui s'écoule à partir de
ce moment jusqu'à celui où le son lui parvient. Ils con-
naissent ainsi le temps que le son a employé pour parcourir une distance connue, et en divisant cette distance
par ce temps on a la vitesse du son. Il est essentiel que
les deux observations se fassent à peu près en même

temps, à cause des effets du vent. Le vent peut accélérer le mouvement d'un son produit par un des canons, mais en même temps il retarde le son produit par l'autre; de sorte qu'en prenant la moyenne des deux vitesses mesurées par deux observateurs on a la vitesse du son dans un air tranquille. On a trouvé que cette vitesse était d'environ 340 mètres par seconde.

Nous parlons là de la vitesse du son en général, et nous pouvons le faire hardiment, attendu que tous les sons ont la même vitesse. Pour s'en convaincre, il suffit d'écouter d'assez loin un morceau d'orchestre. Les sons de tous les instruments vous parviennent à la fois.

31. Les vibrations de l'air, et par suite les sons qui en résultent, se réfléchissent lorsqu'elles rencontrent des obstacles. Souvent il en résulte des échos.

Pour qu'un écho se produise, il suffit qu'il y ait une distance assez grande entre l'endroit où se produit le son et celui où se trouve un obstacle assez considérable. Le son réfléchi ne parvient jusqu'à l'observateur qui a produit le son primitif qu'après un intervalle de temps sensible, de sorte que les deux sons se trouvent ainsi distincts l'un de l'autre.

32. L'air n'est pas le seul milieu qui propage le son. Tous les corps le propagent, et avec d'autant plus de vitesse qu'ils sont plus denses. On a reconnu, par exemple, que la vitesse du son dans l'eau était de 1435 mèt. par seconde.

33. On sait que les sons ne se distinguent pas seulement par leur force, leur qualité, leur douceur. Ce qui distingue surtout les sons, c'est leur hauteur. Ce sont certaines différences de hauteur qui déterminent les notes de musique. Ces différences de hauteur dans les sons ne sont dues qu'à des différences de rapidité dans les vibrations qui produisent ces sons; plus une corde vibre vite, plus le son qu'elle produit est élevé; plus elle vibre lentement, plus le son est bas. Les vibrations des cordes des lames ou de l'air dans les tuyaux sont

réglées par des lois simples. La vitesse de ces vibrations ou le nombre de ces vibrations produites en un sens donné est en raison inverse de la longueur de la corde, de la lame ou du tuyau. Ainsi, une corde exécute en temps donné un certain nombre de vibrations ; si on fixe cette corde en son milieu, le nombre des vibrations produites sera double. Il en est de même pour une lame ou un tuyau. Cette loi est la loi fondamentale de l'acoustique ; c'est sur elle que sont fondés tous les instruments de musique.

### CHALEUR.

34. Nous disons que la chaleur est un agent, faute d'un mot pour exprimer ce que c'est : nous la voyons seulement agir ; nous disons que c'est un fluide, pour la même raison : un fluide est ici tout simplement quelque chose qui n'est pas un corps, c'est-à-dire qui est un nous ne savons quoi. Heureusement nous n'avons pas grand besoin de dire ce que c'est que la chaleur ; nous le sentons suffisamment et nous pouvons étudier toutes ses actions principales.

L'action principale de la chaleur est de dilater les corps, d'augmenter leur volume. On peut s'en convaincre en chauffant une barre de fer ; on reconnaît qu'elle s'allonge de plus en plus à mesure qu'elle s'échauffe davantage. Mais il est un moyen plus simple de reconnaître la dilatation des corps : il suffit de mettre un liquide dans un tube étroit fermé à une de ses extrémités ; en approchant ce tube d'un corps échauffé, on voit la colonne liquide s'allonger, se dilater. Plus la chaleur augmente, plus le liquide se dilate. La dilatation étant proportionnelle à la chaleur à laquelle un corps est soumis, cette dilatation peut servir à mesurer cette chaleur. Si nous avons eu soin de diviser la longueur du tube précédent en parties égales, nous pouvons connaître immédiatement le rapport des quantités dont se dilate le liquide lorsqu'on l'expose à deux chaleurs différentes, et par suite le rapport de ces deux chaleurs ; ainsi, si nous voyons le liquide se dilater depuis la division 0 jusqu'à la division 10 sous l'influence d'une certaine chaleur, et se dilater depuis la même division 0 jusqu'à la division 20 sous l'influence d'une autre chaleur, nous dirons que cette seconde chaleur est double de la première. La chaleur nécessaire pour produire un phénomène, ou celle qui l'accompagne, s'appelle *température* de ce phénomène. Ainsi, la température de l'ébulition de l'eau est la chaleur de l'eau lorsqu'elle bout. La chaleur que possède un corps est sa température. Puisqu'un corps échauffé se dilate ou dilate les corps mis en contact avec lui proportionnellement à son état de chaleur, c'est-à-dire à sa température, ces températures pourront se mesurer de la manière précédente.

Ce tube contenant un liquide constitue un *thermomètre*. Pour faire un thermomètre on souffle à l'extrémité d'un tube étroit une boule ou un réservoir cylindrique. On le remplit ensuite de mercure bien sec par le procédé suivant : On chauffe le tube de manière à dilater fortement l'air qu'il contient ; puis on plonge rapidement l'extrémité ouverte dans du mercure. L'air intérieur du tube étant dilaté, son volume est plus grand, sa densité, et par suite sa pression, sont plus faibles que celles de l'air extérieur. Alors, par la pression de cet air extérieur, le mercure monte dans le tube et une partie parvient dans le réservoir. On chauffe encore ; la vapeur du mercure chasse l'air, et en plongeant encore le tube dans du mercure, à mesure que le mercure intérieur refroidit, le mercure de la cuvette monte dans le tube et le remplit : on le fait bouillir en chauffant encore le réservoir, la vapeur du mercure chasse l'air ; au bout d'un certain temps on ferme le tube à la lampe. Il ne reste plus qu'à le graduer.

Pour que tous les thermomètres soient comparables, c'est-à-dire que le mercure se dilate jusqu'à la même division dans tous les thermomètres, lorsque la température est la même, il faut que deux divisions correspondent dans tous les thermomètres aux mêmes températures. Il faut donc avoir le moyen de produire toujours deux températures fixes. Pour cela on a remarqué que la glace fondait toujours à la même température. On a pris cette température pour point de départ. C'est la température 0 degré que l'on écrit 0°. L'eau bout également toujours à la même température. On a pris cette température comme le point 100° du thermomètre. Pour graduer un thermomètre on le plonge dans de la glace fondante et on marque 0 au point où la colonne de mercure s'arrête ; puis on plonge le thermomètre dans de la vapeur d'eau en ébullition, et l'on marque 100 au point où s'arrête le mercure. Il ne reste plus qu'à diviser en 100 parties égales l'espace compris entre ces deux divisions. Pour que ces divisions égales contiennent bien la même quantité de mercure il faut que le tube soit bien calibré, c'est-à-dire qu'il soit partout de la même largeur dans l'intérieur. Pour s'en assurer, avant de souffler le réservoir on fait marcher une petite colonne de mercure dans son intérieur en pressant une boule en caoutchouc attachée à l'extrémité du tube. Si le tube est bien calibré la colonne de mercure conservera la même longueur.

Au lieu de mercure on emploie souvent d'autres liquides, surtout l'alcool rougi.

Le thermomètre que nous venons de décrire est un thermomètre *centigrade*. Le thermomètre de *Réaumur* n'en diffère qu'en ce que l'on marque 80 au lieu de 100, au point de l'ébullition de l'eau, de sorte que 80 degrés Réaumur valent 100 degrés centigrades. Dans le thermomètre de *Fahrenheit*, employé surtout en Angleterre, le point 0 est marqué 32 et le point 100 est marqué 212.

On a aussi un thermomètre très-sensible en introduisant seulement une goutte de mercure dans le tube thermométrique. C'est alors l'air qui en se dilatant et poussant devant lui la colonne de mercure marque les températures. On a ainsi un *thermomètre à air*. Il se gradue comme un thermomètre ordinaire et présente en général plus d'exactitude.

On a construit aussi des thermomètres métalliques

fondés sur l'inégale dilatation des métaux. Le plus exact est celui de Bréguet, fait avec trois lames de platine, d'or et d'argent, soudées et tournées en spirale. Lorsque la température varie la courbure des lames change, et ce changement fait mouvoir une petite aiguille horizontale qui marque les températures sur un cadran. C'est le plus sensible des thermomètres.

35. Pour mesurer les températures très-élevées on fait quelquefois usage de *pyromètres*. Quelques-uns de ces instruments, tels que le pyromètre de Borda, sont fondés uniquement sur la dilatation des métaux. Le pyromètre de Wegwood est au contraire fondé sur le rétrécissement de l'argile lorsqu'on l'expose à de fortes températures.

36. Nous savons tous que la chaleur se propage dans l'air. Nous pouvons reconnaître qu'elle se propage aussi dans le vide en plaçant un corps échauffé sous le récipient de la machine pneumatique : ainsi on voit un thermomètre placé à distance de cè corps s'élever. La chaleur se propage en ligne droite : on le voit et en même temps on reconnaît la loi de la réflexion de la chaleur au moyen de l'expérience des deux miroirs paraboliques. Ces deux miroirs sont placés vis-à-vis l'un de l'autre ; au foyer de l'un on place un corps échauffé, au foyer de l'autre un thermomètre ; on voit le thermomètre s'élever plus que tout autre thermomètre placé en un autre point, même en un point plus rapproché du corps échauffé. En vertu de propriétés géométriques des surfaces paraboliques, propriétés qu'il est superflu de rapporter ici, ce phénomène ne peut avoir lieu à moins que la chaleur ne rayonne en ligne droite et ne se réfléchisse de telle manière que l'angle de réflexion d'un rayon calorifique soit égal à son angle d'incidence et dans le même plan.

37. La chaleur ou le calorique qui se meut ainsi en ligne droite est appelé *chaleur rayonnante*. Tous les corps échauffés rayonnent de la chaleur. Ce calorique rayonnant se communique aux corps environnants, de sorte qu'entre différents corps voisins il y a un échange continuel de chaleur. Il en résulte qu'au bout d'un certain

temps tous ces corps finissent par avoir la même température. C'est ainsi que s'établit l'équilibre de température
des corps à distance.

38. La chaleur rayonnante peut être arrêtée dans son
mouvement par les corps qu'elle rencontre. Alors ces
corps en absorbent une partie plus ou moins grande selon
leur nature. Certains corps au contraire se laissent traverser par la chaleur rayonnante, sans s'échauffer sensiblement. Ces corps sont appelés *diathermanes*. L'air et
probablement tous les gaz sont dans ce cas.

39. Nous avons dit que la chaleur rayonnante se réfléchit à la surface des corps ; mais elle ne se réfléchit pas
en totalité, parce qu'une certaine quantité en est absorbée par les corps. Cette quantité varie avec la nature
des corps, avec leur *pouvoir absorbant*. La quantité de
chaleur qu'un corps échauffé peut rayonner, peut émet-
tre, varie aussi avec la nature de ce corps, avec son pouvoir *émissif*. L'expérience montre que le pouvoir émissif
d'un corps est égal à son pouvoir absorbant, c'est-à-dire
qu'un corps émet d'autant plus de chaleur et par suite se
refroidit d'autant plus vite qu'il peut s'échauffer plus rapidement.

Le pouvoir absorbant et le pouvoir émissif des corps
varient avec l'état de leur surface. Ainsi les corps
se refroidissent et s'échauffent
d'autant plus vite que leur surface est moins polie.

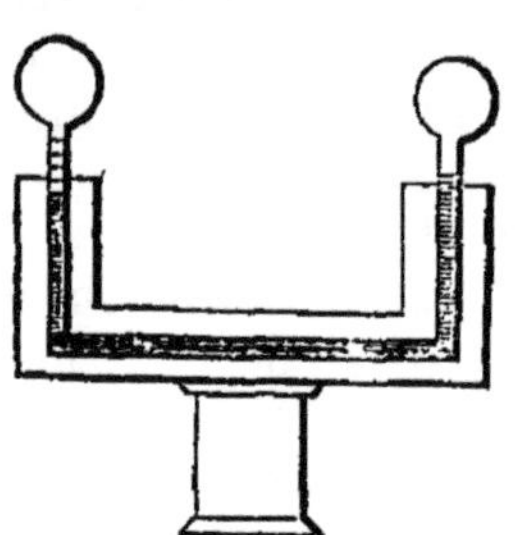

40. La plupart des expé-
riences sur la chaleur rayonnante se font avec un thermomètre particulier imaginé par
Leslie et appelé *thermomètre
différentiel*. Il se compose de
deux tubes ther mométriques
courbés à angle droit et soudés l'un à l'autre. Le liquide,
qui est ordinairement de l'alcool coloré, remplit la branche horizontale et une partie des branches verticales ;
les deux boules ne renferment que de l'air. Lorsqu'elles

ont la même température, le niveau du liquide est le même dans les deux branches ; mais dès qu'il y a une différence de température entre les deux boules, cette différence est marquée par la différence de niveau du liquide dans les deux branches.

41. Lorsqu'on plonge l'extrémité d'une barre de fer dans un foyer, on sent bientôt une vive chaleur à l'autre extrémité. Lorsqu'au contraire on expose un morceau de charbon à une très-haute température, c'est à peine si l'on sent une légère chaleur à l'extrémité qui se trouve hors du foyer. Cette différence provient de ce que la chaleur se transmet facilement d'une molécule à l'autre de la barre de fer et difficilement d'une molécule à l'autre du charbon, en d'autres termes le fer conduit bien la chaleur, le charbon la conduit mal. Les corps se distinguent ainsi en *bons* et *mauvais conducteurs* de la chaleur. Tous les métaux sont bons conducteurs ; la plupart des autres corps sont mauvais conducteurs. Les liquides sont en général mauvais conducteurs, quoique la facilité avec laquelle ils s'échauffent semble prouver le contraire ; mais il est facile de reconnaître que l'échauffement d'un liquide ne se fait pas par la transmission de la chaleur d'une molécule à l'autre, mais bien par la formation de courants intérieurs, de sorte que cet échauffement ne résulte pas de la conductibilité du liquide, mais d'un mélange continuel des molécules supérieures qui sont froides avec les molécules inférieures qui sont chaudes, de sorte que toutes les molécules s'échauffent au contact les unes des autres. On peut se convaincre de la formation de ces courants, en jetant dans un liquide que l'on échauffe une poudre légère, de la sciure de bois, par exemple ; on verra bientôt cette poudre tourner en s'élevant, puis s'abaissant, emportée par le courant qui se forme dans le liquide.

42. De même que les corps conduisent différemment la chaleur, de même aussi ils se dilatent de quantités différentes à une même température. Ainsi si l'on élève de 50° la température de deux barres, l'une de fer, l'autre de cuivre, quoique l'augmentation de température soit la

même, la quantité dont les deux barres se dilateront sera différente. Pour distinguer les corps sous ce rapport, on peut mesurer la quantité dont un corps se dilate quand sa température s'élève de 1°, et en divisant cette quantité par le volume primitif du corps on aura un nombre toujours le même pour un même corps, nombre qui s'appelle le *coefficient de dilatation* de ce corps et qui exprime la dilatation d'une unité de son volume pour 1° de température.

Il y a deux sortes de dilatation, la dilatation *linéaire* et la dilatation *cubique* ; la première est la dilatation en longueur seulement, la seconde est la dilatation dans tous les sens. Le coefficient de dilatation linéaire d'un corps est la dilatation d'une unité de longueur du corps pour une unité de température. Le coefficient de dilatation cubique est la dilatation d'une unité de volume pour une unité de température. Il est sensiblement égal à trois fois le coefficient de dilatation linéaire. Il suffit donc pour connaître ces deux coefficients de connaître l'un d'eux. Ces coefficients ont été déterminés par différents procédés et d'une manière très-exacte.

La dilatation du mercure que l'on observe dans un thermomètre n'est pas sa véritable dilatation. En effet, le mercure augmente alors de volume, non pas dans le sens de sa hauteur seulement, comme il le semble, mais aussi dans le sens de sa largeur, attendu que l'enveloppe de verre se dilate aussi. Si elle ne se dilatait pas, le mercure se trouvant plus resserré s'élèverait davantage ; la dilatation *absolue* que l'on observerait serait plus considérable que la dilatation *apparente* que l'on observe. On a, du reste, des moyens simples de déterminer les dilatations absolues et par suite les dilatations apparentes.

La connaissance des coefficients de dilatation a des applications importantes. Une des plus remarquables est le *pendule compensateur*. Nous avons vu (n° 15) que la durée d'une oscillation d'un pendule est proportionnelle à sa longueur, c'est-à-dire à la distance de son point de suspension à son centre d'oscillation. Il résulte de là que les changements de température doivent, en faisant varier la longueur des pendules des horloges, faire varier aussi la durée d'une de leurs oscillations, c'est-à-dire d'une seconde. On a empêché ces variations en construisant des pendules compensateurs, dans lesquels les dilatations des différentes pièces se compensent de manière à ce que le centre d'oscillation reste toujours à la même distance du point de suspension.

Il y a plusieurs espèces de pendules compensateurs. Celui que l'on emploie le plus souvent, celui que nous voyons par exemple à toutes les horloges ou pendules bien faites, se compose d'un cadre de tiges de cuivre et d'acier parallèles à la tige du pendule. Ces tiges se dilatent les unes en sens contraire de l'autre ; et leur longueur a été calculée de telle manière que ces dilatations se compensent et compensent en même temps la dilatation du pendule entier.

43. Les liquides et les gaz se dilatent de la même manière que les corps solides. Pour mesurer la dilatation d'un liquide on en fait une sorte de thermomètre ordinaire. Pour mesurer la dilatation d'un gaz, on en fait de même une sorte de thermomètre à air.

En général les solides se contractent de plus en plus lorsque la température diminue. Pour les liquides il n'en est pas de même; il arrive un point où le liquide, au lieu de continuer à se contracter, commence au contraire à se dilater si la température diminue; de sorte que sa densité diminue en même temps que la température, ce qui est le contraire de ce qui se passe chez les solides. C'est ainsi que l'eau distillée est la plus dense possible lorsque sa température est de 4°. C'est le point du *maximum de densité*. A mesure que la température s'abaisse la densité diminue, le volume augmente. C'est pourquoi, si l'on remplit une bouteille d'eau, qu'on la ferme parfaitement et qu'on l'expose à la gelée, la glace qui se forme fera éclater la bouteille qui ne peut plus la contenir.

Lorsqu'un gaz se dilate, sa densité diminuant, sa pression diminue aussi. La pression d'un gaz varie donc avec sa température, et quand nous indiquons une pression

d'un gaz, nous devons aussi indiquer sa température. Ainsi quand nous disons que l'air a une pression
de $0^m$ 76, il s'agit d'air sec à la température de 0.

44. La chaleur ne fait pas seulement se dilater les
corps, elle change aussi leur état; c'est ainsi qu'elle fond
les corps solides et volatilise les liquides. Le froid ra-
mène les corps à leur état primitif : il solidifie les corps
fondus et liquéfie les vapeurs.

Il se produit un fait remarquable dans ces changements
d'état; c'est que pendant toute la durée du changement
la température du corps reste la même. Ainsi si l'on
plonge un thermomètre dans de la glace pilée placée sous
un foyer, tant que durera la fusion de la glace le thermomètre marquera 0 ; ce n'est que lorsque la fusion est
complète que le thermomètre commence à s'élever.

Lorsqu'au contraire on chauffe de l'eau ayant la température 0, un thermomètre qui y est plongé s'élève immédiatement. Cette différence entre ces deux phénomènes
montre évidemment que dans le premier une certaine
quantité de chaleur est absorbée par la glace, ne se manifeste pas, reste à l'état latent, tandis que dans le second
la chaleur se fait sentir. Nous avons d'un côté du *calorique
latent*, de l'autre du *calorique sensible*. Il se produit ainsi
du calorique latent dans tous les changements d'état des
corps ; c'est ainsi qu'un thermomètre plongé dans de l'eau
(pure) bouillante ne marque jamais plus de 100°, quelle
que soit la température du foyer. En revanche, lorsqu'un
corps liquide redevient solide, ou lorsqu'une vapeur redevient liquide, on remarque un dégagement de calorique
sensible, produit par la restitution d'une certaine quantité de calorique latent. De même aussi lorsqu'un corps,
par un moyen autre que l'emploi de la chaleur, passe de
l'état solide à l'état liquide, ou de l'état liquide à l'état
gazeux, ce changement doit faire passer à l'état latent
une certaine quantité de la chaleur du corps. C'est
pourquoi l'évaporation naturelle produit du froid;
c'est pourquoi aussi les mélanges réfrigérants, tels
que celui de sel et de glace, qui par une action chi-

mique se liquéfient, produisent également du froid.

45. Lorsqu'on chauffe un liquide, il ne se réduit pas immédiatement en vapeur, parce que plusieurs forces s'opposent à cette vaporisation. En effet, l'action de la chaleur consiste à repousser les molécules, à les séparer ; cette force répulsive est combattue par l'attraction de ces molécules entre elles et celle qu'elles éprouvent de la part des molécules du vase qui contient le liquide ; il faut donc que cette répulsion devienne plus forte que cette attraction ; il lui reste à vaincre alors la pression du gaz situé au-dessus du liquide. Ce n'est que lorsque cette pression et l'attraction moléculaire ont été vaincues par la chaleur du liquide, que celui-ci commence à se vaporiser, à bouillir. C'est pourquoi la température de l'ébullition d'un liquide varie suivant sa nature et suivant la pression du gaz ambiant. L'eau, par exemple, bout à 100° lorsque la pression de l'air est de 0$^m$ 76. Lorsque cette pression est moindre, il suffit d'une température plus faible pour vaporiser le liquide. La vapeur a naturellement alors une température moindre et aussi une pression et une force élastique moindres. En revanche, les vapeurs peuvent avoir des forces élastiques très-considérables, suivant la température qui les produit et l'espace qui les renferme.

46. Lorsqu'on laisse reposer un mélange de liquides de densités différentes et qui ne peuvent se dissoudre l'un dans l'autre, on voit ces liquides se superposer l'un à l'autre dans l'ordre de leurs densités. Lorsqu'au contraire on fait communiquer ensemble deux gaz, ils se mélangent complétement ; il en est de même lorsqu'on mélange des gaz et des vapeurs. On a alors la force élastique du mélange en ajoutant les produits des forces élastiques de chaque gaz ou de chaque vapeur pour son volume, et divisant cette somme par le volume total.

47. Lorsqu'on expose différents corps à une même chaleur, leurs températures s'élèvent de quantités différentes. Par suite, pour que la température de différents corps s'élève de 1°, il faut exposer ces corps à différentes cha-

leurs, il faut que ces corps absorbent différentes quantités
de chaleur. On appelle *chaleur spécifique* d'un corps la
quantité de chaleur qu'une unité de volume de ce corps
doit absorber pour que sa température s'élève de 1°. On
prend pour unité de chaleur spécifique celle de l'eau ,
c'est-à-dire la quantité de chaleur que doit absorber un
gramme d'eau pour que sa température s'élève de 1°. On
conçoit que l'on peut prendre aussi pour chaleur spéci-
que d'un corps la quantité de chaleur que perd son unité
de volume lorsque sa température s'abaisse de 1°. C'est
sur ces deux définitions que sont fondées les trois mé-
thodes principales par lesquelles on détermine les chaleurs spécifiques des corps, et qui sont la méthode de la
fusion de la glace, la méthode des mélanges et la méthode de refroidissement.

48. Il nous vient incessamment de la chaleur du soleil
et de l'intérieur de la terre. Plusieurs actions physiques
ou mécaniques produisent aussi de la chaleur ; telles sont
l'électricité, la compression, la percussion, le frottement,
les actions moléculaires. Dans presque toutes les actions
chimiques il se développe aussi de la chaleur. La com-
bustion, qui est notre moyen ordinaire de produire de la
chaleur, n'est qu'une action chimique.

49. *Hygrométrie.* — L'air renferme constamment de
la vapeur d'eau, résultat de l'évaporation des eaux qui
sont à la surface de la terre. Cette quantité de vapeur
varie constamment. On peut la mesurer au moyen d'instruments appelés *hygromètres.* Quelques-uns sont fondés
sur la faculté que possèdent certaines substances d'absorber l'humidité de l'air et de la retenir ; d'autres le sont
sur le refroidissement ou la compression qu'il faut faire
subir à un volume d'air pour que la vapeur qu'il contient
commence à se liquéfier, en d'autres termes, pour que ce
volume d'air soit saturé de vapeur. Ces derniers hygromètres sont appelés *hygromètres de condensation;* le plus
fréquemment employé est celui de Daniel. Parmi les premiers celui dont on se sert le plus souvent est l'*hygromè-
tre à cheveu;* il est fondé sur la propriété que possèdent

les cheveux bien dégraissés de s'allonger quand l'humidité de l'air augmente, et de se rétrécir quand elle diminue.

### ÉLECTRICITÉ.

50. Le premier phénomène électrique connu a été un phénomène d'attraction. Les anciens avaient remarqué qu'en frottant un bâton de succin (en grec *électron*, d'où est venu le nom d'électricité) ce bâton acquérait la propriété d'attirer les corps légers. Plus tard, au dix-septième siècle seulement, on reconnut qu'une foule de corps jouissaient de la même propriété que le succin. Telles sont la plupart des matières résineuses ou vitrées.

Bientôt on reconnut un phénomène tout contraire : lorsqu'on approche un bâton de verre, récemment frotté avec un morceau de laine sec, d'une petite boule de sureau suspendue à un fil très-mince, on voit la boule se précipiter sur le bâton ; mais à peine le contact a-t-il eu lieu, que cette boule se trouve repoussée et fuit le bâton qu'on lui présente. L'attraction est changée en répulsion. On observe maintenant un troisième phénomène : en approchant de la boule un bâton de résine électrisé par frottement, comme le bâton de verre, la boule est de nouveau attirée par ce bâton. Voilà donc trois phénomènes qui se succèdent : la boule de sureau est attirée par un bâton de verre électrisé ; elle le touche et est vivement repoussée, puis elle est attirée par un bâton de résine électrisé. De cette suite de phénomènes on a tiré l'hypothèse qui régit tous les phénomènes électriques ; la voici : le bâton de verre acquiert par le frottement une certaine électricité, c'est-à-dire un certain état en vertu duquel il produit le phénomène électrique d'attraction précédent. Le bâton de résine acquiert l'électricité contraire. Nous appellerons la première électricité *vitrée,* la seconde électricité *résineuse.* Ces deux électricités sont dues à deux fluides contraires. Supposons maintenant que les molécules d'un même fluide se repoussent, mais attirent celles de l'autre, et, de plus, qu'elles attirent les molécules des corps non électrisés : les trois phénomènes précédents s'expliqueront aisément. Le fluide vitré du bâton de verre électrisé attire la boule de sureau, mais dès que celle-ci est arrivée au contact du bâton de verre elle absorbe une partie de son fluide vitré. Aussitôt entre ces deux parties il y a répulsion ; la boule légère obéit à cette répulsion. On lui présente ensuite un bâton de résine, chargé de fluide résineux ; il y a immédiatement attraction entre le fluide résineux du bâton et le fluide vitré que la boule a absorbé, et celle-ci est attirée.

L'hypothèse précédente est suffisante pour expliquer les trois phénomènes que nous venons d'indiquer, mais pour expliquer d'autres phénomènes que nous verrons plus tard il est nécessaire de remplacer une partie de cette hypothèse par une nouvelle hypothèse. Au lieu d'admettre que les deux fluides électriques attirent les corps non électrisés, nous admettrons que ces corps renferment à la fois les deux fluides ; mais leurs actions se neutralisant, les corps ne jouissent pas de propriétés électriques. Le frottement et toutes les actions qui développent de l'électricité dans les corps séparent ces deux fluides. Cela posé, si l'on approche un corps électrisé, c'est-à-dire dans lequel un des deux fluides domine, d'un corps non électrisé, c'est-à-dire dans lequel les deux fluides se neutralisent, voici évidemment ce qui devra se passer : supposons qu'il s'agisse toujours du bâton de verre et de la boule de sureau ; le fluide vitré du bâton de verre attirera le fluide résineux combiné au fluide vitré dans la boule : de là attraction. Puis, lorsque le contact aura lieu, le fluide résineux de la boule se combinera à une partie du fluide vitré du bâton et sera neutralisé ; il ne restera plus des deux côtés que du fluide vitré : de là répulsion.

51. Telle est l'hypothèse des deux fluides. On a remplacé les noms de *vitré* et *résineux* par ceux plus généraux de *positif* et *négatif*. Ces deux fluides présentent beaucoup de propriétés analogues. Ils peuvent se communiquer tous deux à certains corps, que l'on appelle

pour cela *conducteurs* de l'électricité : tels sont tous les métaux et toutes les matières chargées d'humidité. D'autres corps au contraire ne se laissent pas traverser par l'électricité, on les appelle corps *isolants* ; tels sont le verre, les résines, la soie, l'air sec, etc.

52. Nous avons maintenant toutes les données théoriques nécessaires pour pouvoir obtenir de l'électricité en grande quantité, pour construire une *machine électrique*. Supposons qu'on fasse tourner rapidement un disque de verre entre deux coussinets, ce frottement séparera les deux fluides du verre. Le fluide négatif ou résineux pénétrera dans les coussinets; ceux-ci sont fixés sur deux montants de bois qui communiquent avec la terre: le fluide négatif passera donc des coussinets dans le bois et de là dans la terre, où il sera absorbé. Sur le disque de verre il ne restera plus que du fluide positif ou vitré. Un cylindre de cuivre horizontal est supporté sur deux pieds de verre et porte deux tiges, dont les extrémités munies de pointes sont très-près du disque de verre. L'électricité développée sur ce disque passera par ces pointes et viendra s'amasser sur le cylindre, dont elle ne peut s'échapper puisque le cylindre est supporté par des corps isolants.

53. Maintenant que nous pouvons produire beaucoup d'électricité, nous pouvons observer la plupart des phénomènes électriques. Lorsqu'on approche le doigt du cylindre condensant d'une machine électrique, on voit apparaître une vive étincelle, et l'on éprouve en même temps une vive commotion produite par la contraction des muscles traversés par le courant électrique. Cette étincelle et ce *choc électrique* sont d'autant plus forts que la machine est plus chargée.

54. Avant de parler d'autres phénomènes il est essentiel d'indiquer les moyens par lesquels on peut obtenir, au moyen de la machine électrique, une très-grande quantité d'électricité. Les principes sur lesquels est fondé ce moyen nous donneront en même temps celui de mesurer les quantités d'électricité. Ces principes sont ceux

que nous avons exposés précédemment sur la décompo-
sition de l'électricité naturelle d'un corps, c'est-à-dire
de la combinaison neutre des deux fluides, par un autre
corps électrisé ; à ces principes il faut ajouter celui-ci :
c'est qu'un corps chargé d'électricité peut agir sur un
autre corps lors même qu'il en est séparé par un corps
mauvais conducteur, pourvu, bien entendu, que l'épais-
seur de ce corps ne soit pas trop grande. Le second
corps est alors électrisé *par influence*. C'est sur cette
électrisation par influence qu'est fondé l'*électrophore*.Cet
instrument se compose d'un plateau de métal ou de bois
couvert de résine , sur ce plateau on place un disque
plus étroit de métal, au milieu duquel est fixé un manche isolant, c'est-à-dire un manche en verre ou en bois
couvert de vernis. Il suffit de frotter vivement ou de
battre le plateau avec une peau de chat, pour y dévelop-
per de l'électricité ; en posant ensuite le second disque
sur le plateau, il s'électrise par influence et se charge
d'une certaine quantité d'électricité. Le plateau sert ainsi
de réservoir.

Lorsque deux corps électrisés différemment sont séparés par une substance mauvaise conductrice, les deux
électricités, en tendant à se combiner, se dissimulent.
Ainsi l'on pourra toucher l'un des deux corps sans lui
faire perdre son électricité ; celle-ci est alors de l'électricité *dissimulée*. Mais, si l'on touchait les deux corps a
la fois, les deux électricités se combineraient immédiatement, et les deux corps cesseraient d'être électrisés. Cependant, chaque fois que l'on touche un des deux corps,
on lui enlève une certaine partie de son électricité, et
en touchant successivement les deux corps à plusieurs
reprises on finit par enlever toute leur électricité.

Les *condensateurs* sont des appareils qui servent à ac-
cumuler l'électricité dissimulée. Ils se composent essentiellement de deux plaques de métal séparées par un
corps non conducteur, par exemple par une pièce de
taffetas gommé. On fait communiquer la plaque supérieure avec une source d'électricité. Par suite de décom-

positions et de recompositions successives, il s'amasse
sur ces plaques une grande quantité d'électricité dissimulée.

La *bouteille de Leyde* n'est autre chose qu'un conden-
sateur; dans son intérieur se trouvent des feuilles de métal, et son extérieur, jusqu'à quelques pouces en dessous
de l'ouverture, est revêtu d'une feuille de métal. L'ouverture est fermée par un bouchon à travers lequel
passe une tige de cuivre qui s'enfonce dans les feuilles
de métal intérieur. En mettant l'extrémité de cette tige
en contact avec une machine électrique en mouvement,
la bouteille se charge d'une grande quantité d'électricité.
Comme cette électricité est dissimulée, la personne qui
tient la bouteille à la main n'éprouve aucune commotion;
mais si la même personne ou une autre personne vient
à toucher l'extrémité de la tige, elle reçoit à l'instant
une forte commotion, et l'on sait que cette commotion
se transmet instantanément à plusieurs personnes qui se
touchent, lorsque l'une d'elles vient à toucher la tige
d'une bouteille de Leyde.

Lorsqu'on réunit ensemble par des tiges de métal plusieurs bouteilles de Leyde, on forme une *batterie électrique*.
La décharge d'une telle batterie puissamment chargée
produit une commotion tellement violente qu'elle peut
tuer un fort animal.

55. Pour reconnaître la présence de l'électricité et
pour mesurer son intensité, on se fonde sur les répulsions qu'elle produit. On peut d'abord employer un pendule de sureau, ou une aiguille horizontale supportée
par un pivot et terminée par deux boules légères et du
même poids. Mais on a des instruments plus sensibles
appelés *électroscopes*. Ils consistent essentiellement en un
vase de verre fermé par une garniture de cuivre et surmonté d'une boule; à cette garniture sont adaptées
deux boules de sureau suspendues par deux fils de métal très-fins, ou bien deux lames d'or. La partie supérieure du vase est couverte d'une feuille de métal. Lorsqu'on touche avec un corps électrisé la boule supérieure,

les deux boules de sureau ou les deux lames d'or, se
chargeant de la même électricité, se repoussent, et leur
écart peut faire approximativement juger de l'intensité
de l'électricité. On peut mesurer exactement cette intensité au moyen de la *balance de Cou-
lomb*. Cet instrument se compose d'un
levier horizontal de gomme laque, terminé d'un côté par une petite plaque
de clinquant, et suspendu par un fil
de soie. Ce fil peut être enroulé sur
un petit tube $tt'$, et tordu par le mouvement de la pièce $dd'$. Tout l'appareil
est contenu dans une cage de verre
qui le préserve des agitations de l'air,
et sur laquelle on a tracé une circonférence divisée. Par une ouverture $o$,
on introduit une boule chargée de l'é-
lectricité dont on veut mesurer l'intensité. On détermine celle-ci par la
mesure de la force de torsion qu'elle engendre dans le
fil de soie en repoussant la petite plaque de clinquant.
On a reconnu, au moyen de cet appareil, que les attractions et les répulsions des corps électrisés étaient en raison inverse des carrés des distances de ces corps.

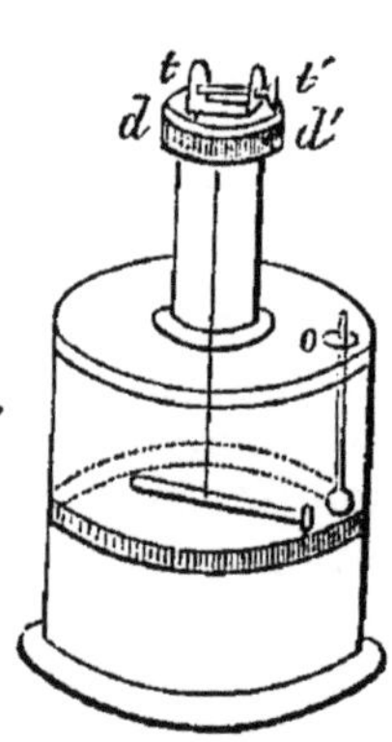

56. L'électricité semble posséder une certaine force
expansive, en vertu de laquelle elle se porte vers la surface des corps. Là elle semble arrêtée; cependant, lors
même que l'air est très-sec et, par suite, ne conduit pas
l'électricité, on reconnaît qu'il s'en échappe toujours une
certaine quantité; cette quantité dépend beaucoup de la
forme des surfaces des corps. Ainsi l'on a reconnu que les
corps terminés en pointe laissaient très-facilement échapper leur électricité.

57. La lumière électrique n'apparaît que lorsque deux
fluides électriques se combinent. C'est cette combinaison
qui se produit lorsque l'on tire des étincelles de la machine électrique; c'est elle aussi qu'on a soin de faire
naître dans une quantité de jouets de savants, tels que

les tubes ou les carreaux étincelants. Dans le vide la lumière électrique se présente sous forme de gerbes continues très-brillantes. •

58. L'électricité joue un grand rôle dans la nature; nous connaissons une partie de ce rôle : c'est elle qui fait la foudre. Un éclair n'est qu'une étincelle électrique produite par la combinaison des électricités opposées de deux nuages qui se rencontrent. Un coup de tonnerre n'est que la détonation qui se produit pendant cette combinaison. Cette identité de l'électricité et de la foudre est une des plus belles vérités de la physique ; elle est due à l'immortel Franklin, qui en a tiré immédiatement la belle découverte des paratonnerres.

Le paratonnerre consiste simplement en une tige de fer terminée en pointe et que l'on fixe verticalement le long d'un édifice élevé. L'électricité des nuages qui s'approchent de la terre est attirée par la pointe de fer, et, s'échappant le long de la tige, va se perdre avec elle dans la terre.

59. Nous n'avons considéré encore qu'un seul moyen de produire de l'électricité. Il s'en développe aussi par plusieurs actions physiques, telles que la compression, la chaleur, etc., dans la plupart des actions chimiques. L'électricité se produit encore d'une manière extrêmement remarquable, par le seul contact de deux corps de nature différente. Ce fut Galvani qui observa le premier phénomène d'électricité développée par contact, mais il se trompa sur la cause de ce fait ; ce fut Volta qui l'expliqua, en disant que deux corps de nature différente mis en contact acquéraient des électricités différentes. Pour s'en convaincre, il suffit de mettre en contact un disque de zinc et un disque de cuivre; on peut reconnaître que le zinc s'électrise positivement et le cuivre négativement. C'est sur ce fait qu'est fondée la *pile voltaïque*. Cette pile, telle que Volta la construisit, se compose de disques de cuivre et de zinc soudés ensemble ; ces disques soudés, qui forment des couples, sont séparés par des rondelles de drap humide. On a ainsi une pile à colonne. Si l'on

touche. les deux extrémités de cette pile avec deux doigts mouillés, on éprouve une commotion qui diffère de celle donnée par la machine électrique, en ce qu'elle dure autant que le contact. Cette durée constante prouve que la formation d'électricité est continuelle, que la pile engendre un *courant* continu d'électricité. Mais, pour cela, il faut que les deux extrémités de la pile soient jointes par un corps conducteur; autrement elles restent chargées, l'une d'électricité positive, l'autre d'électricité négative. Le courant ne s'établit que lorsqu'on joint les deux extrémités appelées *pôles*, au moyen d'un fil métallique qui porte le nom de *rhéophore*. Cette force, née au contact de deux corps différents et qui engendre un courant électrique, a été appelée force *électro-motrice*.

On a construit un grand nombre de piles différentes de la pile à colonne. Telles sont la pile à auges, et la pile de Wollaston. Cette dernière, ainsi que plusieurs autres piles analogues, présente l'avantage de pouvoir soustraire les deux métaux qui en composent les éléments à l'action chimique qu'exerce sur eux le liquide conducteur. En effet, on a remarqué qu'en mélangeant des acides à l'eau dans laquelle plongent les éléments de la pile, l'énergie de celle-ci est considérablement augmentée : il est probable même que l'action chimique due à cette dissolution acide joue le principal rôle dans la formation du courant électrique.

## MAGNÉTISME.

60. L'attraction des aimants était un phénomène connu des anciens. Le mot *magnétisme* vient du mot grec *magnès*, qui est le nom de la pierre que nous appelons *aimant*, et qui est un oxide de fer. Nous donnons aussi le nom d'*aimant* à toutes les substances qui attirent le fer. Les aimants naturels sont les substances qui jouissent naturellement de cette propriété; les aimants artificiels sont celles qui peuvent l'acquérir par suite de certaines modifications qu'on leur fait éprouver, c'est-à-dire lorsqu'on les aimante.

Pour voir se manifester d'une manière remarquable l'action d'un aimant, il suffit de le plonger dans un amas de limaille de fer. On voit aussitôt cet aimant couvert de grains de limaille qui s'attachent les uns aux autres. Nous trouvons déjà là une preuve de l'aimantation de certains corps, et en particulier du fer, au seul contact d'un aimant, car ees grains de limaille, pour se suspendre les uns aux autres, doivent s'être aimantés.

Cette limaille ainsi attachée à l'aimant ne le couvre pas d'une manière uniforme : si l'aimant a la forme d'un barreau long, on verra son milieu complétement dépourvu de limaille, tandis que celle-ci tend à s'amonceler vers les deux extrémités, aux alentours de deux points que l'on appelle *pôles* de l'aimant. Lorsqu'on partage un barreau aimanté en plusieurs parties, il se forme ainsi deux pôles aux extrémités de chaque partie.

Le fer prend aisément, avons-nous dit, la propriété magnétique ; en revanche, il la perd aussi très-facilement. L'acier trempé, au contraire, s'aimante difficilement, mais il conserve longtemps la puissance attractive. C'est pourquoi on se sert d'acier pour faire des aimants, et pour cela il est un procédé fort simple : il suffit de frotter dans le même sens chacune des faces d'une lame d'acier sur une pierre d'aimant.

Les aimants jouissent d'une propriété extrêmement remarquable, qui consiste à prendre une direction constante lorsqu'ils sont librement suspendus. Ainsi si l'on suspend, au moyen d'un fil de cocon, une aiguille aimantée, on la verra prendre une direction constante ; si on l'en écarte, elle y revient par une suite d'oscillations. On dit vulgairement que l'aiguille aimantée se tourne toujours vers le nord ; il s'en faut pourtant d'une quantité sensible qu'elle ait toujours cette direction. En effet, si l'on mène deux plans verticaux passant, l'un, par le lieu où l'on se trouve et par les pôles, l'autre par la direction de l'axe de l'aiguille, ces deux plans, qui contiendront l'un le *méridien terrestre,* l'autre le *méridien magné-*

*tique,* feront un angle, qui en ce moment est de 22° à Paris. Cet angle s'appelle *déclinaison* de l'aiguille aimantée. Elle est occidentale ou orientale, selon que le pôle de l'aiguille qui regarde le nord est à l'ouest ou à l'est du méridien terrestre. Ce pôle de l'aiguille s'appelle le pôle *nord,* l'autre est le pôle *sud.* Si l'on rapproche les deux pôles nord des deux aiguilles, on voit qu'ils se repoussent; si l'on rapproche au contraire le pôle nord de l'une et le pôle sud de l'autre, ils s'attirent. Si l'on place une aiguille sur un fort barreau aimanté, cette aiguille se place sur le barreau de manière à ce que deux pôles opposés de l'aiguille et du barreau se regardent. On conclut de là que la terre agit comme un énorme aimant.

L'aiguille aimantée suspendue librement n'est pas horizontale; elle forme avec l'horizon un angle appelé *inclinaison.* Cet angle est à Paris de 70° .

La déclinaison et l'inclinaison de l'aiguille se mesurent au moyen d'instruments connus sous le nom de *boussoles de déclinaison* et de *boussoles d'inclinaison.* Les premiers sont d'une extrême utilité dans la marine, car ils servent à faire connaître la position du lieu où l'on se trouve.

### *Electro-magnétisme.*

61. Lorsque l'on place une aiguille aimantée sous un fil métallique dont les extrémités communiquent avec les deux rhéophores d'une pile, on voit l'aiguille tendre à se mettre en croix avec le fil. Donc les courants électriques agissent sur les aimants. L'étude de ces actions constitue l'*électro-magnétisme.* Cette partie de la physique est une science toute nouvelle; elle a fait déjà d'immenses progrès et produit de grandes découvertes, entre autres celle du télégraphe électrique. C'est sur la tendance d'un courant à placer dans une direction perpendiculaire à la sienne une aiguille aimantée qu'est fondé l'instrument appelé *galvanomètre,* qui sert à mesurer l'intensité d'un courant.

62. Certains corps sont visibles dans l'obscurité, et d'autant plus visibles que l'obscurité est plus grande; tels sont les flammes, le fer rouge, etc. : ce sont des corps *lumineux*; d'autres ne sont visibles que lorsqu'ils sont placés sous l'influence de corps lumineux, lorsqu'ils sont éclairés par eux : ce sont les corps *non lumineux*. La lumière est un agent impondérable qui émane des corps lumineux.

La lumière se propage en ligne droite, suivant des *rayons*. On le reconnaît immédiatement en faisant pénétrer dans une chambre obscure, à travers une petite ouverture, la lumière du soleil. La vitesse de cette propagation est immense; on a reconnu, au moyen d'observations astronomiques, qu'elle était d'environ 70,000 lieues par seconde.

Lorsque la lumière rencontre des corps, elle les éclaire, en fait des corps lumineux. Certains corps se laissent traverser par elle : ce sont les corps *transparents*; ceux qui se refusent à ce passage sont des corps *opaques*. Alors, derrière ces corps, il se produit de l'*ombre*. Lorsque la lumière traverse un corps, elle se meut en ligne droite dans son intérieur si le corps a partout la même densité; mais si le corps n'est pas homogène, la lumière sera constamment déviée de sa direction, comme nous le verrons en parlant de la réfraction. Nous disons que la lumière se meut en ligne droite pour nous, parce que la couche d'air qui nous entoure a sensiblement partout la même densité.

63. Lorsque la lumière rencontre un corps, elle se réfléchit en partie à sa surface. Dans cette réflexion, l'angle d'incidence et l'angle de réflexion sont égaux et situés dans le même plan. La quantité de lumière réfléchie est d'autant plus grande que le corps se laisse moins traverser par la lumière. C'est pour qu'il se réfléchisse ainsi une plus grande quantité de lumière que l'on étame les glaces. On prouve aisément, à l'aide de

la loi précédente des réflexions, que l'image d'un objet dans une glace plane est située derrière la glace, à une distance égale à celle qui sépare l'objet de la glace.

Lorsqu'un faisceau de rayons lumineux, c'est-à-dire un ensemble de rayons émanés d'un même point tombe sur une surface courbe régulière, par exemple sur une surface sphérique, ces rayons, en se réfléchissant, vont à peu près passer par un même point, qui est le *foyer* du miroir courbe. L'image n'a plus alors exactement la même forme ni la même dimension que l'objet.

64. Nous avons dit que la lumière, en traversant des corps d'inégales densités, était déviée. On le reconnaît aisément en enfonçant un bâton dans l'eau : le bâton semble alors brisé, ce qui prouve que les rayons lumineux sortis de l'eau dans la direction du bâton ont changé de direction en passant dans l'air. Nous disons que, dans ce passage, la lumière a été *réfractée*. Les lois de la réfraction ont été posées par Descartes. Elles consistent en ce que lorsqu'un rayon lumineux se réfracte en passant d'un milieu dans un autre, par exemple de l'air dans l'eau, 1° le rayon réfracté se trouve dans le plan qui passe par le rayon incident et par la normale à la surface de séparation des deux milieux, 2° le rapport des sinus des angles d'incidence et de réfraction (c'est-à-dire des angles formés par les rayons incident et réfracté avec la normale) est constant. Ce rapport varie lorsque la lumière passe de l'air dans différents corps ; il est donc un caractère de ces corps : on l'appelle *indice de réfraction*. Lorsqu'un rayon lumineux tombe perpendiculairement sur la surface d'un corps transparent, il ne se réfracte pas. Lorsque l'incidence est oblique, si le second milieu dans lequel pénètre la lumière est plus dense que le premier, le rayon en se réfractant se rapproche de la normale ; dans le cas contraire, il s'en écarte.

C'est sur les lois de la réfraction que sont fondées les *lentilles*. Si plusieurs rayons émanant d'un même point tombent sur une lentille biconvexe, on peut, en suivant leur marche à travers et de l'autre côté de la lentille, reconnaître qu'ils viennent se réunir en un même point. Ce point est le *foyer* de la lentille relativement au point d'où sont émanés les rayons lumineux ; c'est le *foyer conjugué* de ce point. Deux foyers conjugués sont toujours situés sur une droite passant par le centre de la lentille, et qui forme un *axe secondaire*. Lorsque l'on regarde à travers une lentille un objet lumineux, tous les points de cet objet venant se placer sur des axes secondaires, l'image qui se produit alors est nécessairement renversée. Les rayons allant se divergeant à partir du foyer, à mesure que l'on en éloigne l'œil, l'image va en grossissant, mais aussi en diminuant de netteté.

La plupart des instruments d'optique ne sont que des systèmes de lentilles. L'étude de ces instruments nous entraînerait trop loin. Les principaux sont les *microscopes*, les *lunettes astronomiques* et les *télescopes*.

65. La lumière ordinaire, la lumière du soleil, en un mot, celle que nous appelons lumière blanche, n'est pas une lumière simple, mais une lumière composée de lumières colorées. Pour le prouver, il suffit de placer derrière une ouverture d'une chambre obscure un prisme réfringent, c'est-à-dire un prisme transparent et réfractant fortement la lumière. La lumière traverse le prisme, et si on lui oppose un écran vertical, on voit se dessiner sur sa surface sept bandes diversement colorées, dans l'ordre suivant : *Rouge, orangé, jaune, vert, bleu, indigo, violet.* L'assemblage de ces couleurs a reçu le nom de *Spectre solaire.* Il prouve que la lumière blanche est un composé des sept couleurs précédentes. La réfraction la décompose parce que les sept couleurs composantes ont des indices de réfraction différents : le rouge se réfracte autrement que l'orangé, etc.

66. La lumière est une des sources les plus fécondes en phénomènes remarquables. Nous ne pouvons ici que donner une faible idée des principaux. Nous parlerons d'abord de la *diffraction* et des *interférences*.

Lorsqu'on interpose un corps opaque entre un corps lumineux et une surface, on voit se projeter sur celle-ci l'om-

bre du corps interposé. En supposant que la lumière
émane d'un point, il est facile de reconnaître que l'ombre
aura pour contour l'intersection de la surface sur laquelle
elle est projetée par un cône ayant pour sommet le point
lumineux et tangent au corps interposé. Cela est évident
puisque la lumière se meut en ligne droite. Mais si le corps
interposé est un écran à bords très-minces, on remarque
que les contours de l'ombre ne sont plus les mêmes. Dans
l'intérieur de ce contour l'ombre se trouve jusqu'à une certaine distance éclairée d'une très-sensible lumière qui va en
diminuant vers l'intérieur. A l'extérieur on remarque des
*franges,* c'est-à-dire des alternatives d'ombre et de lumière. A mesure que l'on s'éloigne de la ligne de l'ombre
géométrique, les franges brillantes deviennent de moins
en moins vives, et les franges d'ombre de moins en moins
sombres. Le bord de l'écran a donc dévié la lumière, et
c'est cette déviation ainsi produite que l'on nomme *diffraction.*

67. Le phénomène de la diffraction se lie à celui des
*interférences.* On appelle *interférence* l'action de deux
rayons lumineux l'un sur l'autre. Cette action est extrêmement remarquable. Tantôt deux rayons lumineux s'ajou-
tent, et donnent une lumière double, tantôt ils se détruisent et s'éteignent l'un l'autre. Ainsi lorsqu'on fait entrer
la lumière dans une chambre noire à travers deux petites
fentes ou deux petits trous très-rapprochés, et que l'on
reçoit la lumière sur un carton blanc, on voit dans l'espace éclairé par les deux ouvertures à la fois une suite de
franges alternativement sombres et brillantes, analogues
à celles de la diffraction. En bouchant l'une des ouvertures, on n'a plus qu'une teinte lumineuse à peu près uniforme. Ce qui prouve que la lumière qui traversait l'autre
ouverture a produit, en s'ajoutant à la première, la suite
des franges sombres et brillantes que l'on a observée, c'est-
à-dire un mélange d'obscurité et de lumière. D'où il résulte nécessairement que certains rayons des deux lumières se sont détruits pour produire les franges obscures, et

que les autres se sont ajoutés pour produire les franges brillantes. Nous ne pouvons ici que mentionner le phénomène et l'action qui le produit. Quant au principe qui règle cette action, il appartient à une théorie trop élevée pour pouvoir être exposé en quelques mots. Nous dirons seulement que cette théorie est celle des *ondulations*, dans laquelle on admet que la lumière est produite, comme le son, par des vibrations d'un fluide que l'on suppose répandu dans l'espace infini, et que l'on appelle *éther*. La théorie de *l'émission*, dans laquelle on suppose que la lumière est une émission de matière lumineuse, faite sans cesse par le soleil, a été renversée par ce phénomène des interférences qu'elle ne pouvait expliquer.

68. Nous avons dit que la lumière se réfractait lorsqu'elle passait d'un milieu dans un autre de densité différente.

Dans certains corps cette réfraction se fait d'une manière singulière. Ainsi lorsqu'on prend un cristal de chaux carbonatée, et qu'on le pose simplement sur un trait tracé sur une feuille de papier, on voit à travers ce cristal deux traits. Les rayons émanés du trait ont donc produit deux faisceaux de rayons en traversant le cristal ; ainsi pour un faisceau de rayons pénétrant dans le cristal, on a deux rayons réfractés, il y a eu *double réfraction*. Lorsqu'on fait tourner le cristal, on voit qu'il y a deux positions où les deux images se superposent, et à partir desquelles elles vont en s'écartant d'abord puis en se rapprochant. Ces directions dans lesquelles la lumière ne se divise pas sont les *axes optiques* du cristal.

Des deux faisceaux réfractés l'un suit la loi de réfraction (p. 57). Il s'appelle le *faisceau ordinaire*; l'autre, qui suit une loi particulière, est le *faisceau extraordinaire*.

69. C'est en étudiant la double réfraction, que Malus découvrit la *polarisation* de la lumière. L'étude de la lumière polarisée peut maintenant à elle seule former une science, tant elle a fait de rapides progrès. Pour nous, nous devrons nous borner à dire que la polarisation est un état particulier de la lumière dans lequel elle présente des

propriétés toutes particulières et très-différentes de celles de la lumière ordinaire. Cet état peut se produire par la réflexion ou la réfraction de la lumière, faites sous certaines conditions. Ainsi si l'on fait tomber un faisceau de lumière sur un miroir de verre, de manière à ce qu'il fasse avec sa surface un angle de 35° 25', ce faisceau sera polarisé, il jouira des propriétés différentes de celles de la lumière ordinaire. Si, par exemple, on le fait tomber sur une seconde lame de verre, et toujours sur l'angle de 35° 25', en disposant cette plaque de manière à ce que le second plan d'incidence soit perpendiculaire au premier, le faisceau traversera la seconde plaque de verre sans éprouver aucune réflexion.

Une des propriétés les plus remarquables de la lumière polarisée se manifeste lorsqu'on fait tomber un faisceau perpendiculairement sur une plaque de la substance appelée *tourmaline*. Lorsque l'axe de la plaque est parallèle au plan d'incidence du rayon polarisé par réflexion, le rayon est complétement éteint, ne peut traverser la plaque. Lorsqu'au contraire l'axe est perpendiculaire au plan d'incidence la lumière traverse complétement.

Chaque fois que la lumière naturelle se réfléchit ou se réfracte, elle se polarise en partie; mais il y a un certain angle de réflexion qui la polarise complétement. C'est l'*angle de polarisation*, il est pour le verre de 35° 25'. Lorsque l'on fait subir à un faisceau de lumière plusieurs réflexions successives sous un angle plus grand ou plus petit que celui de la polarisation, le faisceau se polarise de plus en plus et se trouve presque complétement polarisé au bout de quelques réflexions. Plusieurs réfractions successives produisent le même effet.

70. Nous terminerons par quelques mots sur la vision. L'œil est un globe revêtu intérieurement d'une membrane très-sensible appelée *rétine*. La lumière pénètre dans l'œil à travers la *pupille* après avoir traversé la *cornée*, sorte de calotte sphérique transparente qui recouvre la prunelle; là, déjà la lumière se réfracte, et le faisceau réfracté

tombe sur le *cristallin*, petit corps situé derrière la prunelle et qui a la forme d'une lentille. Après s'être encore réfracté à travers le cristallin, le faisceau lumineux, resserré par ces deux réfractions, tombe sur la rétine et y produit l'impression de la vue.

FIN.

# TABLE.




Paris.—Imprimerie Bonaventure et Ducessois, 55, quai des Grands-Augustins

www.ingramcontent.com/pod-product-compliance
Ingram Content Group UK Ltd.
Pitfield, Milton Keynes, MK11 3LW, UK
UKHW022143070726
13613UKWH00003B/1408